从零开始学

UI设计

思路与技法

沈学渊　陈仕　 编著

化学工业出版社

·北京·

图书在版编目（CIP）数据

从零开始学 UI 设计：思路与技法 / 沈学渊，陈仕编
著 . — 北京：化学工业出版社，2020.1
ISBN 978-7-122-35594-2

Ⅰ．①从… Ⅱ．①沈… ②陈… Ⅲ．①人机界面 - 程
序设计 Ⅳ．①TP311.1

中国版本图书馆 CIP 数据核字（2019）第 252394 号

责任编辑：王　烨　　　　文字编辑：陈　喆　　　　装帧设计：水长流文化
责任校对：李雨晴　　　　美术编辑：王晓宇

出版发行：化学工业出版社（北京市东城区青年湖南街 13 号　邮政编码 100011）
印　　装：天津图文方嘉印刷有限公司
710mm×1000mm　1/16　印张 18¾　字数 360 千字　2020 年 6 月北京第 1 版第 1 次印刷

购书咨询：010-64518888　　　　　　　　售后服务：010-64518899
网　　址：http://www.cip.com.cn
凡购买本书，如有缺损质量问题，本社销售中心负责调换。

定　　价：128.00 元
版权所有　违者必究

前言

近年来，从事UI设计的人越来越多，企业对UI设计的要求越来越高，UI设计师的薪资也水涨船高。这背后的原因，是近年来智能移动设备越来越流行和普及。

对于设计专业的同学来说，转行从事UI设计或许还算容易，他们可以利用自己所学的设计知识迅速建立起UI知识体系并摸索出一套适合自己的学习系统。但是对于非设计专业的同学来说就非常困难了，面对UI设计几乎无从下手。虽说设计的原理是相通的，但是设计方向的变化还是很大，应该怎样去学习UI，成了设计老手和新手都需要去面对的话题和难题。

在从事设计教学工作一段时间后，通过和同行及学生的交流，发现很多人对UI设计一知半解，甚至不知道UI设计所包含的庞大知识体系。更有甚者以为只要会PS和AI就能做UI，从事UI设计就能高薪，这都是很不现实的。

其实UI设计在很多人看来是个新兴的职位，但是却忽略了这个职位背后应该具备的职业素养和技能沉淀。因为我们从事设计教学工作，希望可以帮助更多的人学好UI，所以编写了这本适合新手了解UI设计的书籍，内容包括从最基础的设计规范，到制作出一个完整的产品，还包括了交互动画和插画的制作，这些在本书中都有详细的介绍和案例分析，让读者更好地了解做出一个可以正式上线的项目产品需要付出的艰辛和努力。

书中大部分内容都是我们对UI设计经验的总结和回顾，在这个整理和归纳的过程中我们也重新审视了自己对UI知识的不足和误区，也让我们更进一步地从另一个角度去看待UI。

本书由沈学渊、陈仕编著。韩春雨、郑启敏、王雯琦、金今、高婕靖、瞿庄龄、巩维龙、王玲俐、王怡、郑然、王晶晶、王晟、陈建武、何亚微、王启颖为本书的编写提供了很多帮助，在此一并表示感谢！

由于编者水平有限，时间仓促，书中不妥之处在所难免，请广大读者批评指正。

编著者

目录

第3章

图标设计进阶

第4章

图标设计实战

第**5**章

UI设计基础

UI设计进阶

第6章

第7章 UI设计实战

第8章 PS视频时间轴动画

PS帧动画

第**9**章

UI设计也要小插画

第**10**章

第1章
UI介绍

1.1 • 什么是UI

　　UI的全称为User Interface，中文翻译为用户界面，UI设计师顾名思义就是指对软件的人机交互、操作逻辑、界面美观进行整体设计的人。

　　说到UI，这里要先了解一下UED，UED是一个团队，它包括：交互设计师（Interaction Designer）、视觉设计师（Vision Designer）、用户体验设计师（User Experience Designer）、用户界面设计师（User Interface Designer）和前端开发工程师（Web Developer）等。

　　而本书所讲的UI都是围绕用户界面设计师的工作来展开的，这是本书所针对的人群和行业领域。

　　当下主流的UI包括了网页UI和手机App客户端UI，当然还包括了电视UI、汽车导航UI、智能家居UI等。本书所讲述的UI，主要针对手机客户端UI设计（网页UI为辅）。说到手机，从最早的"大哥大"，到一代"诺基亚王朝"，再到现在的"苹果王国"，见图1-1，从最基本的通话功能到现在的各式各样的App软件，如果是在20世纪90年代的时候，你们会想到手机的变化会这么大吗？估计连制造出全世界第一台手机的创始人也想不到吧。

　　大多数"80后"人生第一台手机也许就是诺基亚了，手机里面唯一好玩的游戏就是贪吃蛇，虽然是最不起眼的"黑白机"，但是确实用了很多年，质量也非常好。到了20世纪90年代，摩托罗拉彩屏的手机相继发布，越来越多的功能开始涌现出来。再后来iPhone的出现，开启了智能手机的时代，从此UI的设计和交互理念开始走入各个设计行业。

图1-1　手机演变

再看2017年发布的iPhone X，有以下几个特点：取消了home键，采用了全面屏设计，屏幕尺寸达到了5.8in，设计尺寸大小2436×1125px，分辨率458ppi，比iPhone 7 Plus整整多了50ppi，但是没有超出，让UI设计师大松一口气，没有@4x图需要切了，只需要做@3x就够了。

2018年发布的iPhone Xs和iPhone Xs Max，特别是Xs Max更是达到6.5in的屏幕大小，如图1-2所示，进一步地给UI设计带来了一定的适配难度。所以作为UI设计师还需要时时关注跟自身行业有关的一切互联网资讯。

图1-2　得益于全面屏，Max的整体大小和Plus差不多大

所以在做UI设计的时候，以手机App为例，怎么样才能让用户更好地在碎片时间里使用我们的App，并且对我们的App产生兴趣，使其产生一定的用户黏度（用户的依赖性），才是我们需要研究和不断深化的UI设计的主旨，如图1-3所示。

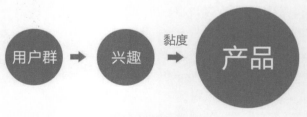

图1-3　UI设计的主旨

1.2 • UI设计师就业前景

2017年，新的政府工作报告中提出"互联网+"的观念，即通过互联网技术增进传统实体经济的发展，传统行业正在面临互联网企业的巨大冲击，如：金融行业面临"支付宝""微信"等线上支付的挑战；零售业面临"天猫""淘宝"购物习惯的颠覆；交通业遭遇"滴滴""优步"的对抗，等等。由此可见，传统企

业实现线下转线上的转型是势在必行的！这给互联网人才创造了新的巨大的就业机会。

2018年"物联网"新时代即将到来，新兴的智能产品层出不穷，如：智能手表、智能汽车、智能家居等，这些都是尚待开发的新兴领域。对用户体验和UI设计的人才有具体的就业缺口，这也为UI设计的就业带来前所未有的机遇。由此可见，UI设计的社会需求不仅不会短期内饱和，还会持续性放大。

企业缺人才，但是现在企业招聘会更加理性，要求更全面，已经过了会画图标界面就能做视觉设计师的时代了。

自2014年开始，培训机构大批量产出UI设计师，由于行业处于发展的初期，刚入行的UI设计师多数从事视觉设计，基本很少接触过交互设计。所以在择业之前一定要对自己的专业技能及擅长领域进行全面分析，要有针对性地进行提升。

除了要对自己的技能或个人能力进行加强外，作为UI设计师，对未来的设计趋势的了解也决定了你的高度与发展可能。

UI设计行业最好的地方就是更新快、机会多，最不好的地方也是更新太快，说不定你擅长的设计风格或者工具明天就被淘汰了，保持学习能力，才能在这个行业走得更远更高。

UI设计师的就业前景非常好，UI设计工作的年薪在15万左右，经验丰富者可以达到25万，甚至更高。目前，国内的知名互联网公司，如阿里、百度、腾讯等，都已经设立了专门的UI设计部门，众多企业不惜重金聘请专业UI设计师。

一个合格的UI设计师要做到以下几点。

① 沟通表达。作为设计师需要和人沟通，如与产品经理、开发人员、设计师之间沟通。项目需要一个团队共同努力完成，如果你不善于沟通就要强迫自己去锻炼。

② 逻辑思维。UI设计包括了软件操作逻辑的设计，对逻辑思维也是有一定要求的。自己尝试用思维导图工具做一个App的脑图进行逻辑方面的练习。

③ 专业技能。图标界面绘制、色彩搭配、平面布局、手绘、设计规范、网页设计、用户体验设计、交互软件使用。

④ 综合能力。运营能力、策划能力、诠释能力。

另外，一定要记住，学习是一种习惯，是保证你在UI设计这条路上不断进步的源泉！

① 整理自己的素材文件，按照分类建好文件夹。

② 学会分析案例，多阅读行业专家的分析文章，建议可以去看看有关产品经理、UI设计的网站。

③ 注重交互设计，深入了解需求。

④ 不断积累，提高审美能力。坚持每天抽出时间浏览设计网站，多看好的作品。

我们在设计产品的时候要遵循以下原则。

① UI界面应该是基于用户的心理需求，而不是基于产品的实现需求；

② 引导用户使用的习惯，操作尽量符合用户惯性；

③ 减少用户需要思考的时间，能做到无脑操作是最高的境界；

④ 让用户在等待的时间里，有事可做。

做一个网站也好、手机App也好，我们要将用户想象成"懒癌症晚期患者"：

通过设计产品去影响用户的主观体验（进而影响用户的决策而达到商业目的）；需要代入用户的角度，才能把UI设计做到用户体验至上；不要让用户在使用的过程中，觉得自己是个"笨蛋"，那对于你的设计将会是灾难性的。

多让你的用户去体验探索的乐趣，而不是强制性地硬塞给用户你的东西。做UI设计需要时时刻刻在用户的心理上进行摸索，把握用户的深层需求，激发用户的自主意识和体验感，才是一名好的UI设计师需要做的事情。

用户体验分为以下几个层级。

① 最基本的就是在底层的交互环节，俗称可用性，也可以说是易用性，我们平时说得最多的就是要把可用性做好，这个当然不是很难，业界都有成熟的一套方法，不需要太高的天赋，两个字——"用心"即可。

② 进一步的就是情感，如诺曼所说的情感化设计，要让用户感到愉悦、惊喜、被感动，这点比较难，需要有一定的天赋，关键是四个字——"心有灵犀"，如果你能和用户"心有灵犀"，当然也能触动他/她的情感。

③ 这个层次是理想化状态了，就是所谓的"人机合一"，在用户使用产品的时候，已经不仅仅是单纯的使用，他把产品认为是自己的一个感情投射的地方，通过使用产品，用户能找到自己的兴趣点、归属感和自己的价值。如果你想要做到这一层次，首先要搞清楚用户最渴求的是什么，那不单单是普通的需要，而是心底深处最渴望的。

除了用户体验，做UI设计界面的时候，我们还要遵循以下几个最基本的设计原则。

① **界面清晰度**　清晰度是界面设计的第一步，也是最重要的工作。要想你设计的界面有效并被人喜欢，首先必须让用户能够识别出它，让用户知道为什么会使用它。比如当用户使用时，能够预料到发生什么，并成功地与它交互。如图1-4所示为两张图片的清晰度对比。

② **提高用户关注**　我们平时在阅读的时候，总是会有许多事物分散注意力，使得我们很难集中注意力安静地阅读。因此，在进行界面设计的时候，能够吸引并保持住用户的注意力是很重要的，所以千万不要将你的应用周围设计得乱七八糟，一定要保持界面整洁，这才是能够吸引人们注意力的关键。如果一定要显示

广告，那么请在用户阅读完毕之后再显示。尊重用户的注意力，让用户愉悦，同时广告效果也会更佳。因此要想设计好的界面，提高用户的注意力是首要条件。

③ **让界面处在用户的掌控之中** 人类对周围的事物有很强的掌控欲。不考虑用户感受的软件往往会让这种舒适感消失，迫使用户不得不另辟蹊径，这会让用户很不舒服。保证界面处于用户的掌控之中，让用户自己决定怎么使用，稍加引导，你的产品会达到预期的目标。

④ **一次性操作** 用户在直接操作某个产品时，感觉是最好的，不过这并不太容易实现。因为在界面设计时，增加的图标往往并不是必需的，比如过多地使用按钮、图形、选项等。因此在进行界面设计时，我们需要尽可能多地了解一些人类习惯性的手势。理想情况下，界面设计要简洁，让用户有直接操作的欲望。如图1-5所示。

⑤ **界面都需要主题** 我们设计的每一个画面都应该有单一的主题，这样不仅能够让用户使用

图1-4　两张图片的清晰度对比

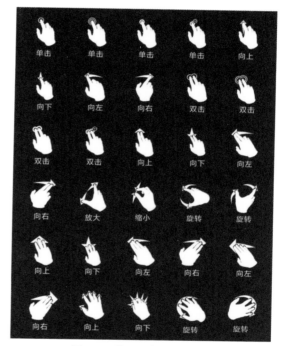

图1-5　常用手势的UI设计

到它真正的价值，也更容易上手，使用起来也更方便，在必要的时候更容易进行修改。如果一个屏幕支持两个或两个以上的主题，立马会让整个界面看起来混乱不堪。正如文章应该有一个单一的主题以及强有力的论点，界面设计也应该如此，这也是界面存在的理由。

⑥ **界面逻辑要顺畅** 界面的交互都是环环相扣的，设计时，要深思熟虑地考虑到交互的下一步。考虑到下一步的交互是怎样的，并且通过设计将其实现。当用户已经完成该做的步骤后，不要让用户茫然，给用户继续操作下去的方法，以

达成目标。

⑦ **界面设计和功能符合** 　人类总是对符合期望的行为感到舒适。当界面的行为始终符合用户的期望，人们就会感到与之关系良好，这也是UI设计应该做到的。这意味着用户只要看一眼就可以知道接下来应该怎么样做，如图1-6所示，如果它看上去是个按钮，那么它就应该具备按钮的功能。

我是按钮　√

按钮就要能点　×

图1-6　按钮的UI设计

⑧ **统一性** 　如果界面各个元素的功能不同，那么它们的外观也要有所区别。当然，如果功能相同或相近，那么它们的外观看起来就应该是一致的。为了保持一致性，初级设计师往往对应该加以区分的元素采用相同的视觉处理效果，其实采用不同的视觉效果才是合适的。

⑨ **视觉层次感** 　我们在设计界面的时候，如果用户每次都按照相同的顺序浏览同样的东西，界面层次感不明显的话，用户不知道哪里才是重点，最终只会让用户体验一团糟。在需求不断变更的情况下，很难保持鲜明的层次关系，因为所有的元素层次关系都是相对的。如果所有的元素都突出显示，最后就相当于没有重点可言。如果要添加一个需要特别突出的元素，为了再次实现明确的界面层级，设计师可能需要重新考虑每一个元素的界面重量。虽然多数人不会察觉到界面层次，但这是突出主题的最简单的方法。

⑩ **合理地安排** 　著名设计师John Maeda在其著作*Simplicity*中所言，恰当地组织视觉元素能够化繁为简，帮助他人更加快速简单地理解你的意思，比如内容上的包含关系，用方位和方向上的组织可以自然地表现元素间的关系。合理地安排内容可以减轻用户的认知负担，用户不必再琢磨元素间的关系，因为已经表现出来了。不要迫使用户做出分辨，而是设计者用组织呈现出来。

⑪ **颜色不是决定界面的关键** 　大自然中物体的色彩会随光线改变而改变。艳阳高照与夕阳西沉时，我们看到的物体其实有很大差别。这就说明了色彩很容易被环境改变，因此，设计的时候不要将色彩视为决定性因素。作为引导的话，颜色可以醒目，但不是作为区别的唯一元素。在长篇阅读或者长时间面对屏幕的情况下，除了要强调内容，还需采用相对暗淡或柔和的背景色。如有特殊用户，也可采用明亮的背景色。

⑫ **独立的界面对应独立的内容** 　每个界面都只展现必要的内容。如果需要用户做出决定，则展现足够的信息供其选择，他们会到下一个界面里找到所需内容。避免过度诠释或一次性展示所有，如果可能，引导出下一页需要展示的内容，这会使界面交互逻辑更加清晰。

⑬ **要有提示** 　在大部分应用的界面，"提醒"选项是不必要出现的，因为在基本的界面中，用户已经习惯使用你的产品了。比如"下一步"实际上就是在上下界面中内嵌的"提醒"，只有用户需要时才会出现在适当的位置，其他时候都是隐藏的。

UI设计的任务不是单独在用户有需要的地方建立一个提醒界面，而是把用户需要的功能让用户自己去发现，从而让用户知道如何使用你提供的界面，让用户在界面中得到你需要用户养成的用户习惯。

⑭ **"零"状态** 用户对一个软件的初次体验是非常重要的，UI设计尤其重视这点。为了更好地使用户适应设计，设计应该处于"零"状态，也就是在什么都没有发生的界面下，它应该能够为用户提供提醒和引导，以此来帮助用户快速适应这个软件的设置，如图1-7所示。当然在一开始的使用过程中可能会存在一些错误，但是当用户了解了各种规则后，会对产品产生很大的用户黏度。

⑮ **解决当下的问题** 设计的初衷就是要寻求各种方案去解决已经存在的问题，而不是去设想解决潜在的或者未发生的问题。所以不要为未发生的问题设计界面，我们应该观察现有的行为和设计，解决现存的问题。对于UI设计来说这是最有价值的事情，因为只有你的用户界面完善了，才会有更多的用户愿意使用你的界面。

⑯ **好的设计是悄然无声的** 优秀的设计有个特殊的属性，它通常会被它的用户所忽略。其中的一个原因是这个设计非常成功，以至于它的用户专注于完成自己的方向而忽略了界面，用户顺利完成自己的目标后，他们会很满意地退出界面。

⑰ **设计都是相通的** 视觉、平面、文案、信息结构以及可视化，所有的这些知识领域都应该是界面设计应该包含的内容，设计师对这些知识都应该有所涉猎，或者在某一领域有所专长。我们需要从这些知识中得到许多值得学习的东西，以此来提高你的工作能力。如图1-8所示。

⑱ **存在即合理** 在设计领域，界面设计成功的要素就是有用户使用它。以产品设计为例，一把漂亮的椅子，即使设计得再精美，可是坐着不舒服，也没有用户会使用它，那它就是失败的设计。所以界面设计不仅是设计一个使用环境，还需要设计一个值得使用的产品。界面设计最重要的是要实用！

图1-7 App首次操作提示引导

工业设计

视觉设计

信息结构

可视化

图1-8 UI设计所需知识领域

第2章

图标设计基础

图标是很多UI设计师入门的一个常见切入点，但是做了那么多的App及相应的图标，很多人还是不知道什么是图标，无法给出一个合理、专业的解释。本篇将围绕图标设计的基础、进阶及实战来讨论图标设计。

2.1 ● 图标的概念

图标的英文是icon，有广义和狭义之分。从广义上解释，就是具有指代意义的图形符号，具有高度浓缩并快捷传达信息、便于记忆的特性。其应用范围也十分广泛，如交通指示牌、包装标识、计算机界面等。如图2-1和图2-2所示。

图2-1　部分公共场合标识　　　　　图2-2　包装标识

从狭义上来说，是应用于计算机软件方面，包括：程序标识、命令选择、模式信号或切换开关、状态指示等。如图2-3所示为手机应用程序标识类图标，图2-4为程序切换开关类图标。

图标可以修饰整个应用，让页面布局变得不再生硬；同时也可以作为视觉引导，增加网站或应用、软件的交互性。如图2-5所示。

图2-3　手机应用程序标识类图标

图2-4　程序切换开关类图标

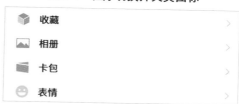

图2-5　微信"我"版块中的部分图标

2.2 ● 图标的分类

现在图标的风格繁多，很多设计师都有自己的风格，有人把图标分为扁平化、拟物化、MBE风格等。但从专业的角度来讲，图标只分启动图标和功能图标两类。"扁平化""拟物化""MBE风格"等，都只是艺术表现形式的不同而已。

2.2.1　启动图标

启动图标通常位于系统桌面、设置栏等地方，用户通过双击或单击可以打开并运行一个软件或应用的图标，它是软件标识，如图2-3所示。

2.2.2　功能图标

功能图标是进入软件或应用（或网页）后所见到的所有图标，它具有明确的表意功能，比文字更加直观，可以用来替代或辅助文字来引导用户进行快速、正确地操作。图形应符合大众的认知习惯，这样可以提高应用的易用性。功能图标又分为引导性图标和装饰性图标。

引导性的图标常位于App的导航栏、标签栏，起到引导用户执行正确操作的作用，如图2-6所示。

图2-6　"京东"位于顶部导航栏和底部标签栏引导性的图标

图2-7　"最美应用"侧边栏部分图标

装饰性的图标常位于设置页或用户中心的列表里，它并没有太多引导性的作用，更重于装饰、美化页面，从而在一定程度上提高用户体验，如图2-7所示。

2.3 ● 图标设计原则

图标的设计主要遵循以下一些设计原则。

2.3.1 识别性原则

识别性原则从以下两个方面来解释。

① 隐喻。图标的图形要能准确地表达其所包含的含义（也就是表意要准确），并能贴近用户心理的隐喻和认知。如图2-8所示。

图2-8 微信部分功能图标

② 清晰。图标还要能在各种环境下（例如在各种色彩丰富或单一的壁纸上）都被清晰识别。所以说，识别性原则是图标设计的第一原则。如图2-9所示。

除此之外，简洁的造型更容易被识别和记忆，如图2-10所示。

图2-9 同样的图标在不同壁纸下的效果

Pocket Casts   We Cam Transit   Directions

图2-10 简洁的UI造型

2.3.2 统一性原则

图标设计的统一性原则包括以下3个方面。

（1）同一个应用在不同平台上的图标要保持一致

如图2-11所示为QQ应用在不同手机操作系统中的图标。

我们可以看到安卓和iOS的QQ启动图标完全一致（内部的企鹅造型），有着高度的统一性。

早期的UC浏览器在安卓和iOS平台上都是一个可爱的小松鼠头像，背景是一个类似地球的元素，还有橙色和黄色2条色带作为点缀。但是在Windows Phone上的图标就完全不一样了，可以说是"画风突变"，导致很多Windows Phone的用户找不到UC浏览器在哪里，给用户造成了很大不便，如图2-12所示。后来UC浏览器马上把3个平台都统一为现在的样式，也就是在Windows Phone上展现的样子，如图2-13所示。

（2）同一个系统（或平台），不同图标之间的规范要一致

各款应用的启动图标都不一样，设计风格也千变万化，但是它们在iOS平台上都有一些共同的特征：长和宽比例为1∶1；4个角为统一的圆角，而且所有的图标圆角半径都是统一的，如图2-14所示。

安卓的图标可以是各种形态的，对外轮廓没有特别硬性的规范，所以设计师对图标设计的掣肘就小了很多。但是，在设计的时候也不能过于随心所欲，还是要遵守"一致性"的原则。一套图标的用色、造型等细节

图2-11　iOS和安卓手机的QQ启动图标对比

图2-12　早期iOS、安卓、Windows Phone上的UC浏览器启动图标

图2-13　统一后的
UC浏览器图标

图2-14　iOS部分启动图标

都要保持高度的统一性，不可随意更改风格。

（3）同一个应用里，图标的风格、规格要一致

在一个应用里，通常会出现2个风格的图标，工具栏为剪影图标（图2-15和图2-16），列表为扁平化图标。工具栏的图标都要保持同一个规范，例如，图标大小、描边颜色、粗细断口等，当切换成面性图标

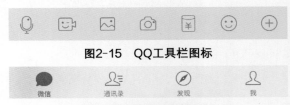

图2-15　QQ工具栏图标

图2-16　微信工具栏图标

的时候颜色要统一。线性图标和面性图标的造型要保持高度统一。同样的，列表的图标也要遵循一个规范，例如，同样的用色方法、图标大小、绘制风格等。如图2-17所示为同一应用中的两种不同风格的图标。

图2-17　同一个应用中两种不同风格的图标

图2-18　过于相似的UI设计让用户不易区分

2.3.3　差异性原则

同类型的App有很多，各App之间的启动图标也有相似的部分，要从众多的启动图标中表现出明显的差异性，以免和其他的App混淆。

如图2-18的圣诞主题图标设计，左边是"联系人"，右边是"相册"，两个图标相似的地方太多，很容易导致用户进行错误的操作，降低了用户体验的好感度。

2.3.4 原创图标

在遵循以上三个设计原则的基础上，图标设计对设计师提出了更高的要求，那就是原创性。虽说现在网络上有千千万万的图标，几乎涵盖了各种含义，我们甚至可以直接拿来用。但这样直接用现成的图标，一来缺乏品牌的延续性，使图标设计毫无依据可言；二来会让这个App变成"大众脸"，毫无特色。而且，这样做法的设计师显得毫无水准和职业素养。

原创图标可以提高一个软件或App的个性，增加用户黏合度，同时也体现设计师存在的价值。

图2-19 "网易严选"底部tab栏的图标

我们来看图2-19和图2-20这两套tab栏图标，网易严选的图标具有较强的原创性，尤其

图2-20 某App底部tab栏的图标

是"分类"这个图标，使用了储物柜这个元素，与其他"大众化"的App拉开距离，体现了设计师的设计功底。

图2-20这一款App的tab栏图标全部来自网络上的图标库，毫无原创性可言。而且这套图标在多个App中出现，尤其是"分类"和"购物车"这两个图标。设计师的价值并没有完全体现出来。

> **小贴士：** 图标库的图标样式丰富，免去了图标设计的时间和精力，大大缩短了作图的工期，但是图标的规范难以保持统一性，界面风格也容易乱，所以尽量避免使用网上常见图标库的素材。

但是原创切不可过于追求艺术性，否则会导致图标设计过于艺术而降低了其根本作用——实用性。图标设计应该在"好用"的基础上再追求"好看"，切记不可舍本逐末。

当然，也不能一味地太过于追求原创性，可以考虑在接受已有方法的基础上进行"微原创"，保证图标的图形和隐喻相一致并具有识别性。

如图2-21所示是笔者曾经做的一套圣诞主题图标，过于追求原创的艺术感而忽略了实用性，而且还使得整套图标风格也没有很好地统一起来，显得有些凌乱。

图2-21 圣诞主题图标设计

2.3.5 "潜规则"

所谓的"潜规则"指的是：有些图标的文字解释和图形两者是约定俗成的组合，不宜更改。例如：小房子代表首页（图2-22）；齿轮代表设置（图2-23）；"一寸照"代表用户中心；五角星代表收藏；放大镜代表搜索等（图2-24）。这类图标已经被大众所接受，不管图标艺术表现形式如何，始终不会跳出这样的搭配。当然，"首页""主页"有时候也会用启动图标的造型来代替，这样的处理方式也并不少见。

图2-22 "首页"都是用小房子来表示

图2-23 "设置"都是用齿轮来表示　　图2-24 "搜索"都是用放大镜来表示

从这几个图我们可以看出，虽然表现的手法不同，但对于某一个主体所采用的对象都是一样的。因为这样的图文组合早已经深入人心，如果没有更好的图形代替就不要去修改了，否则容易误导用户或让用户产生疑惑。

2.4 ● 常见图标设计风格

2.4.1 剪影图标

剪影图标通常有"线性"和"面性（块状）"两种形态。

（1）线性图标

线性图标通常以灰色描边展示，代表未选中的版块；彩色（通常为主题色或

VI色）的面性图标高亮显示，表示当前所选的版块。如图2-25和图2-26所示。

当然，在都是面性图标的基础上灰色表示未选中版块，彩色高亮或颜色较重的表示选中版块；或都是线性图标的基础上彩色或VI色线性图标表示当前选中版块。如图2-27～图2-29所示。

（2）面性图标

面性图标相对线性图标更具力量感，视觉表现力也比线性图标更强烈。常见于一个应用的主要功能或版块入口，方便用户正确、快速地选择。如：京东、美团等，如图2-30和图2-31所示。

图2-25　微信的tab栏图标

图2-26　支付宝的tab栏图标

图2-27　Bēhance的tab栏图标

图2-28　ENJOY的tab栏图标

图2-29　"网易严选"的tab栏的图标

图2-30　京东首页的10个类目栏图标　　　图2-31　美团首页的10个类目栏图标

小贴士：有些应用，比如健身类的App会在标签栏用灰色的面性图标表示未选中的状态，以表现健身的力量感。

剪影图标绘制的重点在于造型而不是色彩，我们只有在造型准确（此时也应该考虑图标的隐喻）的基础上才能进行后面步骤的深入细化。

2.4.2 扁平图标

扁平化的图标没有渐变、光影、材质、透视这些复杂的细节和注意点，只是用大面积的色块来表现参照物的不同的面，视角上以平视居多，如图2-32所示。和剪影图标相同的地方就是用抽象的几何图形来高度概括现实中的参照物，再配上舒适的色彩以表现物体不同的面。

扁平图标很多时候也会给图标本身添加一个"背景"，以此来突出图标，可以使图标变得更加丰富和耐看，同时也更容易做到视觉平衡的统一性，如图2-33和图2-34所示。

图2-32　扁平化图标

图2-33　手机淘宝首页的扁平图标

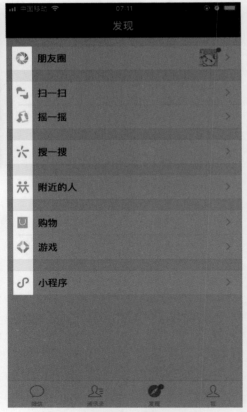

图2-34　扁平化图标在微信中的应用

2.4.3　微扁平和轻写实图标

微扁平和轻写实介于扁平风格和写实风格之间，两者无法具体区分。特点是质感不强，但有明显的光影调子（有些明暗五调子还很丰富），如图2-35所示。

2.4.4　写实风格图标

说到写实图标，很多人会片面地理解为是"拟物"图标，那么什么叫拟物，什么叫写实？如图2-36所示。

拟物的概念：拟物就是模拟现实中的事物或其质感，包括具象的和将抽象的事物具象化（如WiFi信号、电波等）。常见的拟物图标的风格有扁平、剪影、线性、写实等，如图2-37所示。

图2-35　微扁平和轻写实图标

图2-36　哪个是拟物，哪个不是拟物？

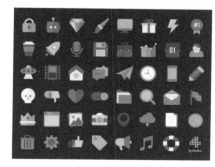

（a）扁平风格

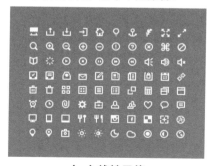

（c）线性风格

（b）剪影风格

（d）写实风格

图2-37　各种风格的拟物图标

那么我们可以得出这样的一个结论：拟物图标是模拟现实中的事物的造型的图标，它可以包含很多风格，比如扁平化、微扁平或写实风格等。

2.5 ● 图标网格系统

图标网格系统可以帮助我们建立一个明确的图形定位系统，以便设计师在绘制图标的时候作为一个科学合理的绘图依据。图标网格通常分为：关键线形状、绘制区域和禁绘区域。常见的图标风格系统如图2-38所示。

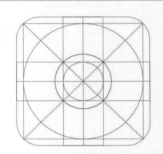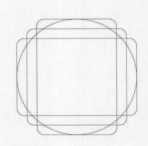

图2-38　常见图标网格系统

图2-38左边的图标网格，更多地适用于启动图标的绘制。我们在绘制启动图标的时候尽量不要越过最大矩形，也就是控制在红线的范围之内，红线之外就是禁绘区域。但也并不是说必须在红线之内，很多时候为了视觉效果也可以适当地超过这个范围，一切从实际出发，符合形式美就好，如图2-39所示。

图2-38右边的图标网格更多地用于功能图标的绘制。一个App中启动图标只有一个，但是功能图标有很多个，所以为了统一的视觉效果，我们可以借助图标网格来绘制。

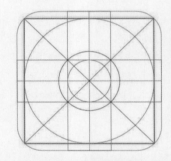

图2-39　启动图标绘制区域

在绘制的时候图标大小尽量不要超过图标网格的内容区域，当然，如果需要的话也可以适当超过，但是一定不要超过修饰区域，如图2-40所示。

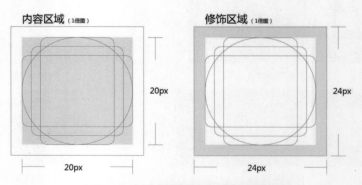

图2-40　图标的内容区域与修饰区域

关键线是图标网格最基本的部分，我们可以利用关键线来保持图标设计的统一视觉比例，如图2-41所示。

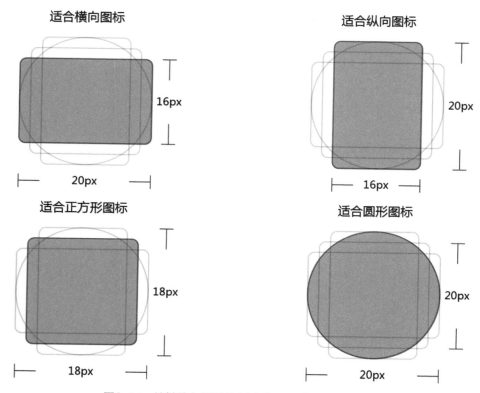

图2-41　关键线与视觉比例（此图尺寸为1倍图）

下面我们用一套图标案例来说明，如图2-42所示。

图2-42　图标案例

图2-42中所有的图标都用图标网格来辅助，在视觉上保持了"大小"的统一，图标之间的视觉比例都比较接近。从表现手法上来看，主要都是用黑色描边，只在部分地方用红色描边作为点缀，而且描边粗细也都是统一的。

小贴士： 图标设计应避免以下几个现象。

1. 图标之间的造型过于类似，相互之间区别太小（差异性原则）；
2. 图标的构成元素太多，图标应该简洁明了，而且和应用的界面之间应该有关联性，并不是一个独立的个体（识别性原则）；
3. 一个应用的图标风格过多，缺乏统一性（统一性原则）；
4. 过于追求原创的艺术效果（原创性原则）；
5. 功能图标中出现透视和光影；
6. 没有考虑图标在特定的环境下国家和社会形态，这是一个经常容易被人忽视的问题，同样的图形在不同的文化环境中表达的意义也不同，应避免一些不必要的误解；
7. 造型模糊不清，应该要清晰可辨（识别性原则）。

在图标设计基础篇中我们提到过,启动图标应该延续品牌,其实功能图标也应该是品牌的延续,反复出现某些元素以加强用户对该品牌的印象。那么如何延续品牌呢?我们可以从品牌的视觉元素中寻求设计的灵感。例如LOGO、商标、专属字体、吉祥物等,都可以作为我们延续品牌视觉元素(也有人将其称之为"品牌基因")的灵感来源。

3.1 ● 启动图标

启动图标往往是一个App或软件给用户的第一印象,一个应用或一个软件的好坏有时候可以从启动图标就看出一个大概。

iOS系统的启动图标是一个宽和高比例为1∶1的圆角矩形,圆角矩形的4个圆角半径是一致的,如图3-1所示。

但是往往并不是按照我们所看到的样子去设计,而是设计一个没有圆角的正方形,圆角系统会自动处理。如果图标有高光和暗部,那么还需要在正方形的基础上把高光和暗部的圆角表现出来。

安卓系统的启动图标可以是任意形状,只需要符合形式美法则和安卓规范就好,如图3-2所示。

图3-1 iOS系统启动图标

图3-2 安卓系统启动图标

图标节选自设计师灵感猫的作品《Little Dream 小小の梦》
(作品地址:http://www.zcool.com.cn/work/ZNTc2ODU3Ng==.html)

启动图标应该延续品牌、颜色和主色调或VI色一致，设计的灵感经常来自品牌的LOGO、关键字或相关字母、单词，也可以是公司或品牌的吉祥物（加强品牌的宣传力度）。有时候启动图标也会随着节日或者促销活动进行局部临时性的微调。

启动图标除了能打开并运行一个程序或应用之外，还应该有吸引用户注意并鼓励、引导用户使用该应用的重要使命。一个应用如果使用频率过低，那么这个应用对该用户就没有什么意义。

3.1.1 启动图标的灵感来源

（1）字母类

启动图标选取的字母通常是该App的英文全称或关键词或英文关键词首字母，如：ZAKER、WPS、酷狗等，见图3-3；也有提取汉语拼音或汉语拼音的首字母等。用多个字母的时候要注意字母的数量不宜太多，多了就会影响识别性。

首字母组合也会让应用变得更容易记忆，但是如果和其他应用的字母一样，就会对差异化造成困扰。

（2）LOGO类

启动图标可以用App所属公司的LOGO，使用LOGO的前提是该品牌已经深入人心，让人熟记（至少在一个区域内），如图3-4所示。

（3）吉祥物或相关的动物类

当一家公司达到一定的高度或层次的时候，通常会设计一个吉祥物来强化自身的经营理念、增加品牌

图3-3　ZAKER、WPS、酷狗的字母类启动图标

图3-4　肯德基、三江购物、盒马鲜生的LOGO类启动图标

图3-5　美娘、煎蛋、京东的吉祥物启动图标

图3-6　YHOUSE、去哪儿、UC浏览器的动物类启动图标

的宣传力度和亲和力。用吉祥物作为图标图形的主体，亲和力较强，传播性高，可以做很多的延展设计，也便于用户的记忆。如图3-5所示。

利用动物作为设计元素的启动图标，通常用动物的整体或者局部造型，颜色通常为白色居多，再配上单色或渐变的背景作为辅助。这样有利于动物的造型和背景形成明显的对比，突出主体。但是如果几个应用所采用同样的动物就不是那么容易区分了，而且所选的动物也不能生僻，否则对用户的认知会形成挑战，如图3-6所示。

（4）汉字类

应用的中文名中提取关键字/词，如：网易严选、支付宝、美团等。优点是可以更加简单直观地传递应用信息，方便用户在众多应用中快速找到想要的应用，识别性较强。如图3-7所示。

汉字类的图标设计要注意字数不宜太多，通常以2个汉字居多，尽量一行不要超过3个汉字。字数多了就会造成阅读障碍，甚至会降低识别性。

字号也不要太小。汉字的笔画普遍较多，所以字号小了极难辨认。行数也不易太多，通常是2行文字，尽量不要超过3行（或者尽量不要出现第3行），因为图标的面积不大，文字多了会影响可读性。

正是因为文字类图标可以更加简单、直观地传递应用的信息，所以更便于推广，也可以大大降低用户的记忆成本。

如果以单个汉字作为设计基础，最好对汉字进行一定的变形，这样可以更加贴合应用的特色，也可以和其他同样的汉字做出一个差异性。但是单个汉字也不好表现，关键字不是很好提取，不仅要体现应用的特色还要方便记忆。如果变化不够，和其他相同的汉字或同类字体的汉字放在一起，反而会降低识别度，更会降低在用户心里的印象及记忆。

（5）中英文混搭类

这个风格的启动图标在国内大部分是中文为主体，英文作为辅助，或者名称里本身就有汉字和字母。也有相当一部分这个风格的图标会把相关的网址写在图标上，如图3-8所示。

图3-7　网易严选、支付宝、美团的汉字类启动图标

（6）图形设计类

简洁的几何图形往往给人时尚、现代的感觉，也很有空间感。我们可以从产品的特点、信息、服务功能等切入点去提取关键词来进行图形的创意设计，如图3-9所示。

图3-8　嘿设汇、BOSS直聘、味觉大师的中英文混搭类启动图标

需要注意的是，常见的或过于简约的几何形"撞脸"的概率会很大，难以形成差异化。而抽象的几何形虽然个性比简约的几何形更加个性化，也容易拉开与其他图标的差异性，但是会对用户造成更大的认知和记忆成本，品牌的推广会相

图3-9　小日子、MONO、Over的图形设计类启动图标

对难一点。

不管是常规图形还是抽象图形，都非常考验设计师的图形创造能力。

（7）功能展现设计类

启动图标的设计灵感还有一个非常简单粗暴的方法，就是用图形直接展现功能。常见的有音乐、邮箱导航等，从应用的功能里提取关键词进行图形设计，向用户直观地传达应用的服务功能，如图3-10所示。

这样做的优点是可以大大降低用户的认知成本，缺点是同类产品之间差异性可能不会很大，这样会降低用户对该品牌的认知。

3.1.2　常见的几种启动图标设计手法

（1）扁平化

图标设计从写实风发展到了扁平风，这就好比人类文明从壁画到象形文字再到现代文字。壁画记录时间长，效率低下，很不利于记录。象形文字比壁画方便很多，但也很复杂。现代文字精简了不少。其实用户更关心的是内容本身，并不是那些逼真的纹理和质感。

扁平化设计可以降低开发的成本和减少应用的体积，更加简洁、直白。现在大部分应用的启动图标都是扁平化风格。如图3-11所示。

（2）长投影

将长投影加在图形上，在扁平化的基础上营造空间感和设计感。如图3-12所示。

图3-10　iOS音乐、iOS邮件、高德地图的功能展现设计类启动图标

（3）渐变

渐变是一个很神奇的设计手法，在扁平化刚开始盛行的时候，几乎是在一夜之间无数的网站和App都去掉了渐变。而如今，又几乎是在一夜之间，无数的网站和App都开始回归渐变。但如今的渐变特色和使用技巧和以前的不一样，如今的渐变更符合当下的流行和需求。用于网站和App的渐变多是单色渐变或同类色渐变，当然也有很丰富的渐变。

较强的渐变饱和度比较高（颜色鲜艳），颜色跨度较大，它所打造的氛围也十分强烈，主要用在酷炫的游戏、时尚的软件中，为了快速

图3-11　点呀点、一鸣真鲜奶吧、吖咪的扁平化图标设计

图3-12　影视大全、CF掌上穿越火线、浏览器录像神器的长投影图标设计

吸引用户的眼球。

较弱的渐变主要应用在操作型的应用上，比如资讯、电商、工具类等。弱渐变去掉了华丽的颜色，容易让用户视觉集中，给用户一种很舒服的感觉。如图3-13所示。

渐变的图标通常有两种显示方式，一个是背景渐变，另一个是图形渐变。背景渐变的图标就是把渐变用在背景上，图形为白色居多。

图形渐变顾名思义是把渐变应用在图形上，通常背景为白底或浅色的颜色。把渐变应用在图形上，它的色彩表现更加细腻和丰富，图标本身也有更多的细节。需要注意的是，把渐变用在图形上，颜色的衔接要做好，还要注意颜色的对比要符合形式美法则，也要利用对比做出一个空间感。

（4）微扁平/轻写实

这类图标更多地应用在游戏和工具类应用中。这类图标介于扁平风和写实风之间，"微扁平"和"轻写实"两者无法具体区分，特点都是质感不强，有着明显的光影调子，如图3-14所示。

（5）写实

写实风格的图标重点在于模拟现实中物品的造型和质感，有着更加丰富细腻的光影变化和透视，质感也更加贴近现实中的物品。它的优点在于认知度高，学习成本低。

正是因为写实图标有着细腻、丰富的质感和光影等细节，它也有一定的"麻烦"，就是在大尺寸下看非常精美的图标，在小尺寸下细节有可能丢失或者变成多余的"脏点"，所以写实图标不宜太过细腻，如图3-15所示。

（6）绘画

将绘画作品作为启动图标，也是一个非常好的创意，有着很丰富的视觉表现，也有场景感或角色感。但是它的弊端和写实图标一样。这个方式多用在手机主题或游戏中，比如某个场景或某个角色，如图3-16所示。

图3-13 淘宝、微信、微博的背景渐变图标设计

图3-14 火狐浏览器、QQ影音、Photon Flash浏览器的微扁平图标设计

图3-15 Cool Countdown、Rival Stars College Football、Hearthstone:Heroes of Warcraft的写实风格图标设计

图3-16 VTL Maker、三国塔防军团、拳皇超人的绘画类图标设计

这个方式需要设计师对细节、视觉和整体风格有较强的把握能力。

（7）照片

把照片放在图标里，可以更形象地体现应用的内容，如图3-17所示。

图3-17 NBA LIVE、实况球会经理人、Snowboard Pary:Aspen的照片风格图标设计

（8）组合形

有时候我们可以把两个图形组合在一起，利用正负形等手法组合成为一个新的图形。组合形包含了两种元素所要传达的信息，如图3-18所示。

图3-18 爱听、百度外卖、多唱的组合形图标设计

（9）折纸

折纸风格的图标通常以白色的几何形为主要造型，用渐变背景来衬托这个几何形。这样的手法可以使图标有空间感和良好的视觉效果。

由于是以白色的造型为主，所以背景的颜色应该稍微深一些，这样才能增加识别性，如图3-19所示。

图3-19 折纸风格图标设计

（10）拟人

写作里有一个手法是"拟人"，我们同样可以用在图标设计中。比如给一个基础图形添加五官或四肢，或者加一个表情。拟人化可以给原本毫无生气的图形赋予生命，也更容易进行情感的表达，增加图标的亲和力，也更容易被用户接受，如图3-20所示。

图3-20 tata UFO、TT语音的拟人风格图标设计

3.2 • 功能图标的灵感来源

很多小伙伴在设计功能图标的时候大部分都只是在遵守了基本的设计原则的前提下把图标做得美观和富有创意。但是如何设计功能图标更有理有据，让图标设计更加有说服力呢？功能图标也是一个应用或软件的重要组成部分，所以也可以或者也应该是一个品牌的延续。做品牌设计时，视觉认知需要有一定的重复，只有不断重复才能加深用户印象。如果将品牌的因素融入图标设计中，让用户不断地看到品牌的影子，这无疑将会让一个品牌更加深入人心，这样的设计方法也更"高级"一些。

3.2.1 吉祥物

举个例子，当笔者为某App设计"社区"图标的时候网上有很多现成的图标，如图3-21所示。

图3-21　图标库里的各种"社区"图标

如果照搬使用则非常不好，于是笔者开始寻找品牌的视觉元素，突然发现品牌的吉祥物是一个小恶魔，其中小恶魔的基本造型是"萌萌哒"的圆形，很像一个对话框气泡，于是笔者选择了一个小恶魔害羞的表情作为再创造的对象，结合"社区"的基本造型，经过重新改造就得到了图3-22所示的这个造型。

如此一来，图标造型的合理性变得有理有据。但是只有一个图标是远远不够的，我们还需要从中提取一些可运用在多个图标或能重复出现的视觉元素。当我们再次观察这个小恶魔吉祥物来寻找特征，那么发现有以下几个特征：头上的角、害羞的效果线和"凶悍"的眼神，这些"常规"元素就可以作为用来延续品牌的视觉元素。

然后再将这些元素运用到其他图标中，利用常规形+品牌视觉元素的创作手法来得到一系列的图标，如图3-23所示。

首页：直接引用启动图标（不另外设计）。

羞物：恶魔头像平常的表情，选中的时候加上害羞的效果线，头低一些，脸也往旁边转一点。

社区：前后重叠的小恶魔的身体+爱心，选中后爱心变害羞的效果线。

购物车：车内一张微笑的嘴巴，选中后嘴巴稍微变形。

我的：简单的恶魔头像，害羞的蒙住脸，选中后加上微笑的表情。

图3-23　系列图标设计

经过这样的处理，我们将标签栏图标的风格已经全部统一起来，各种小元素也是取自同一个事物的不同部分，延续了品牌的视觉元素。

如此延续品牌视觉元素的方法还有很多，但是不管用哪一种方法，我们必须将这些视觉元素与图标和谐地结合在一起，绝对不可生搬硬套而不考虑图标设计的几个基本原则。结合是为了延续品牌视觉元素，而不是单纯为了形式而结合。例如：在第一版的设计稿中，笔者将害羞的效果线和恶魔的眼睛还有角全部放在购物车内，如图3-24所示。

但这样不仅让图标变得复杂而且把图标变得不伦不类，所以在第二版中只保留了嘴巴的元素进行创作。

图3-24　购物车
图标第一版

延续品牌的视觉元素一定要找那些具有代表性的特征，当特征较多，选择余地较大的时候，不要把所有的特征全加在1个图标里，可以选择1~2个特征进行有机结合。这样既延续了品牌的视觉元素，又可以保证图标的简洁，避免复杂烦琐。

3.2.2　启动图标特征

启动图标的特征也是我们延伸品牌的灵感之一。例如网易云音乐的启动图标，整体上是一个圆和音乐符号的结合体。曲线的两端也采用了圆角的处理方式，如图3-25所示。

"发现"图标为直接引用，只是将线条做细，其他没有变化。

"视频"图标外部看似一个胖胖的矩形，四个角也用了圆角而不是尖锐的角，延续了启动"胖圆"的特点，里面的三角形也进行了圆角处理而不是直接使用尖锐角。

图3-25　网易云音乐的启动图标特征

"我的"将符头原本的椭圆处理成了一个正圆，符合LOGO整体的基本形。两个符杆和符尾接壤的部分也做成了圆角，符合整体圆润的造型。

"朋友"和"账号"也是运用这样的方式作为图标设计的依据。

优酷的功能图标曾经的一个版本也是提取了启动图标的颜色重叠的效果。我们先来看看启动图标的特征：颜色由红色渐变和蓝色渐变组成，线条的重合部分会有类似半透明的重叠效果。各个功能

图3-26　优酷的启动图标特征

图标也是延续了这个设计风格，将描边做成了红色和蓝色的渐变，在描边的重合部分也有类似半透明的效果，如图3-26所示。

ENJOY的启动图标是一个英文单词"ENJOY"，字母选用较为硬朗，拐角部分只有字母O和J是曲线，其他字母都是较为尖锐的直角，不带任何圆角。标签栏

的图标也沿用了这个风格设定。线性图标的描边略为粗硬，拐角也较为尖锐，线条也都是直线和斜线，只有"分类"中的放大镜和"我的"两个图标中有圆形，和字母O相呼应（尤其是"我的"图标造型和字母O极为相似），如图3-27所示。

图3-27　ENJOY启动图标特征

3.2.3　VI色

每一个App都有它独有的主色调，主色调有一个固定的色值，在多个地方反复出现。当在标签栏用面性图标高亮显示的时候，色彩也并不是随意设定，而是跟随主色调。如：三江购物的App，用的就是

图3-28　三江购物启动图标特征

图3-29　"他趣"App"圈子"版块的部分图标

红色，虽然红色有"禁止""警告"的含义，但由于是VI色，所以可以这样使用，如图3-28所示。

当使用VI色的时候不要局限于tab栏的颜色，我们还可以用到其他地方的功能图标，如图3-29所示。

3.2.4　直接引用

直接引用主要是针对"首页"的图标设计灵感，很多App会把启动图标作为"首页"的图标，而不是常见的"小房子"造型。如：淘宝、支付宝等。

支付宝、盒马鲜生、淘宝的"首页"图标直接引用了启动图标的造型，YHOUSE在"我的"版块直接引用了启动图标的造型，如图3-30所示。

图3-30　直接引用启动图标

也有一些小众的App会直接把App名称的英文单词拆散，一个字母为一个版块的图标。如图3-31所示的MONO图标设计。

类似MONO启动图标的这类表现手法有着很大的局限性和风险：字母本身和版

图3-31　MONO图标设计

块的内容毫无关联，单词中字母的数量还需要刚好和版块的数量一致，所以并不推荐这样的表现方式。当然，如果是非常个性，设计非常优秀的小众型App，不妨尝试这样的方法，可以提升应用的调性和个性。

3.3 • 建立统一风格的图标

图标存在于界面之中，并不是一个单独的个体，而是由多个图标组成一个系列成套出现。除非是单个图标的展示，所以功能图标应该保持一致的风格，包括描边粗细、色值、圆角半径、图标大小等细节。

3.3.1　描边样式

描边的样式可以从粗细、位置、颜色、断口等几个方面来考虑，如图3-32所示。

图3-32　描边样式

（1）粗细

描边的粗细应该有一个统一的数值，不可随意地更改描边的数值。通常来说，描边的数值都是统一的，也有部分App的图标是外面的线比里面的要粗。

错误示范：图标描边不统一，过于随意，如图3-33所示。

图3-33　图标描边不统一

（2）颜色

描边的颜色也应统一，是纯色还是渐变，如是渐变，渐变的色标数量、色值以及渐变的角度都应该有一个统一的标准。

错误示范：描边颜色不统一，如图3-34所示。

图3-34　描边颜色不统一

（3）断口

随着MBE风格的流行，断口的表现形式越来越受到设计师的欢迎。其特点就是在线性图标的局部有断开的部分，看似一条没有闭合的路径。

MBE风格有很多的特征，从实用性上考虑，可以适当地舍弃颜色的溢出，线条断开的数量也不易太多。

描边从哪里断开也是有讲究的，不可随意断开。通常会选择在图标的角落、高光或反光的位置。断口不可过长或过短，断口太短会不明显，断口太长会破坏图标的完整性。断口不管如何处理，都有一个前提条件，那就是保证图标的完整性和美观，如图3-35所示。

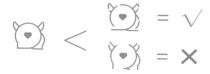

图3-35　断口式描边

3.3.2　色值

每个图标都有颜色，在颜色的选取上也应该统一起来。例如之前所讲过的描边的颜色，除了描边的颜色之外，填充的颜色也要统一。

标签栏中，会把灰色的线性图标变成彩色高亮显示的面性图标作为当前选中的版块，那么面性图标的颜色也应该保持统一。

图标有时候会有较为丰富的色彩，那么应该从饱和度、明度上保持一致，不可上一个图标饱和度较高，下一个图标就变得饱和度低，影响统一性。如图3-36所示。

第一行：未选中状态下线性图标；

第二行：选中状态下的图标，颜色都是同一个色值，颜色的统一性较强；

第三行：颜色比较随意，毫无统一性。

图3-36　图标的色彩设计

3.3.3 圆角半径

在图标的拐角处是否添加圆角，圆角的半径为多少，这个也是要全部统一起来的，不同图标的圆角半径不可随意设置，如图3-37所示。

第一行：4个图标的圆角半径都是6px；
第二行：相机和扩音器的圆角半径为4px，黑板为8px，电视机为10px。圆角半径的数值没有统一。

图3-37　图标的圆角半径

3.3.4 图标大小

所有的图标，都应保持一个相同的视觉比例，不可忽大忽小，如图3-38所示。

蓝线：切图输出范围

红线：视觉设计范围

图3-38　图标的设计范围

图标不可能都是圆形或正方形，所以长宽比例不同会导致视觉效果不同，我们可以利用常见的几何形来建立一个图标网格，如图3-39所示。

图3-39　利用常见几何形状进行图标设计

3.3.5 使用相同的元素

如果一个图标使用了一个特定的元素，那么在其他图标中直接将这个图形复制过来直接使用，这样也可以让图标具有统一性。

例如ENJOY和网易云音乐的功能图标都选用了启动图标的特征，从而达到元素的统一，如图3-40所示。

图3-40 选用了启动图标特征的功能图标设计

3.3.6 其他细节

① 有些风格的图标会把描边和填充分开，看似有一个错位。那么这个描边和填充的相对位置也要保持一致，不可忽远忽近。

② 有些图标的风格填充只有一部分，并非填满整个图标，所以填充的位置也要形成一个固定的规律，不可随意为之。

③ 有些图标的描边由2种颜色组成，通常是一个暗色一个亮色，亮色描边占小部分，对于整套图标来说，亮色描边所占的比重要统一，不可忽多忽少。

以上3个注意点总结起来就一句话：保持同一个风格。还有一个相同的前提条件：保持图标的识别性。

3.4 ● 字体图标

3.4.1 什么是字体图标

字体图标简单来说，就是把原本图片形式的图标转化成字体的形式，这样前端或程序就可以"写"出来了，也就是说把图标变成代码，不以图片的形式在网页或App里显示，这样设计师就不用切不同倍率的图标了，前端或程序稍加修改就能兼容不同尺寸的屏幕。

笔者第一次接触字体图标是在Bootstrap的字体图标库，网页前端人员只需要将这个图标库的CSS文件放在工程文件下就可以直接调用里面的所有图标。如图3-41所示。

图3-41 Bootstrap图标库的部分字体图标

图标库里的图标无疑给开发人员带来了很大的便利，但是之前我们讲过这样会缺乏品牌的延续性，也会让这个App变成"大众脸"，毫无特色。那么我们能不能把自己原创的图标也变成字体图标呢？答案是肯定的。

我们可以通过AI或PS来直接导出字体图标，常见的格式是SVG。SVG是目前最最火热的图像文件格式了，它的英文全称为Scalable Vector Graphics，意思为可缩放的矢量图形。

"SVG既然是矢量格式，那么它无限缩放都不会有任何损失。

- SVG指可伸缩矢量图形（Scalable Vector Graphics）。
- SVG用来定义用于网络的基于矢量的图形。
- SVG使用 XML 格式定义图形。
- SVG图像在放大或改变尺寸的情况下其图形质量不会有所损失。
- SVG是万维网联盟的标准。
- SVG与诸如 DOM 和 XSL 之类的 W3C 标准是一个整体。"
　　　　　——来自百度百科的介绍

3.4.2　如何绘制字体图标

方法1：用PS做

用PS绘制字体图标，软件版议用Photoshop CC 2015及以上版本，因为版本低了没有绘制字体图标的功能。

图3-42　图标及图层（方法1）

Step1：绘制图标。我们用形状工具和钢笔工具来绘制图标，图层类型为形状图层，如图3-42所示。

Step2：导出资源。Photoshop CC 2015直接在图层里单击右键，选择"抽出资源"，格式选择SVG即可；

Photoshop CC 2018则是选择"文件—导出—导出为…（快捷键为Ctrl+Alt+Shift+W）"，在"文件设置"格式选择SVG，其他默认，然后单击"全部导出"，这样我们就得到一个后缀为".svg"的文件。如图3-43所示。

方法2：用PS的脚本文件辅助

Step1：安装脚本文件"save-ps-to-svg1.0.jsx"

将这个脚本文件存放在PS的安装目录下的/presets/scripts文件夹里。如果在存放的时候PS是打开的，那么把PS重启下就可以了。

Step2：绘制图标。和方法1相同，我们用形状工具和钢笔工具来绘制图标，图层类型为形状图层，绘制完成后请保存这个文件。如图3-44所示。

Step3：图层命名。将图标所在的图层命名，建议按规范来命名（规范可以与程序或前端商量，也可以按位置或功能来命名）。需要注意的是，命名后加个类似文件类型的后缀".svg"，如图3-45所示。

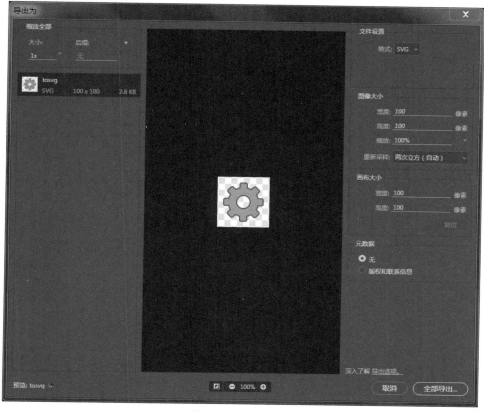

图3-43　导出资源

图3-44　图标及图层（方法2）

图3-45　将图层命名为"set.svg"，重点是加".svg"

Step4: 执行"脚本 - Save as SVG",如图3-46所示。这样我们就会得到2个文件,一个后缀为".svg"的文件和一个后缀为".svg.ai"的文件,如图3-47所示。

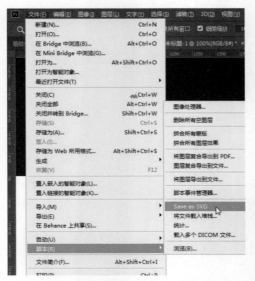

图3-46　执行脚本文件

set.psd　　　　set.svg　　　　set.svg.ai

图3-47　文件类型

这样做完之后,大家会发现一个问题,如果添加了描边、图层样式等方法,文件就出错了。

> **小贴士:** 不管是方法1还是方法2,都有一个共同的前提:不管多复杂的图标造型,都必须在一个图层里完成。

大家是不是觉得用PS绘制字体图标是一件非常麻烦的事,而且你们会发现限制很多,只能绘制剪影图标,不能绘制更为美观的扁平图标,如有描边是显示不出来的。

所以我们就需要另一个更适合SVG的软件——Adobe Illustrator。

方法3:　用AI做

用AI做字体图标会方便很多,而且也不像在PS中有诸多限制。

Step1: 准备工作。先下载一个由阿里妈妈提供的制作矢量图标的模板(下载地址:http://www.iconfont.cn/help/detail?spm=a313x.7781069.1998910419.14&helptype=draw);或者自己做一个模板,最好可以和前端或程序配合着来做。

然后我们按照需要在模板里建立一个栅格系统,这个栅格系统犹如图标网格。

> **小贴士:** 我们用网格来模拟像素,一个网格就是1px。PS和AI可以设置网格后显示网格,或者PS直接设置显示像素网格并放大视图。

Step2：我们将模板用AI打开，绘制一个图标。如图3-48所示。

Step3：编辑完成后，将文件另存为SVG格式，其他一切默认即可，这样就得到了一个SVG格式的图标，如图3-49所示。

Step4：在得到SVG格式的图标文件后，打开并登录"iconfont.cn"，将SVG图标文件拖进上传的对话框中上传，如图3-50所示。

图3-48　用AI打开模板

TV.ai　　TV.svg

图3-49　SVG格式的图标

将SVG文件拖拽至此，或 点此上传

图3-50　将SVG文件上传

Step5：上传完成后，有2个选项，分别是"去除颜色并提交"和"保留颜色并提交"，这个根据自己的需求来选择。一般来说，做扁平图标就是为了能有不同的颜色，所以扁平图标通常选择"保留颜色并提交"。如图3-51所示。

图3-51　颜色选项

Step6：提交完成后，把鼠标悬停在此图标上然后单击购物车图标，也就是"添加入库"。如图3-52所示。

Step7：在右上角单击购物车图标，在网页右下方会有3个选项，分别是"添加至项目""下载素材"和"下载代码"，选择"下载代码"，如图3-53所示。

图3-52　添加入库

Step8：把代码交给前端或程序就可以了，接下来就是前端的事了。

图3-53下载代码

小贴士： 例如我们将用PS做好的SVG文件用浏览器打开，发现并不是我们所做的图形，那么就检查一下图标是不是由多条路径构成。如果是，那么SVG是对这些路径一条条输出，从而形成不是我们所做图形的样子。所以我们需要将多条闭合路径全选中，执行"合并形状组件"将其合并为1条路径，这样输出的时候才会更好地显示，如下图所示。

执行"合并形状组件"

用PS做SVG图标，如果使用了描边、渐变等样式会发现要么出现错误，要么显示不完全。由此得出一个结论：不要给图标添加描边等样式。如果需要描边可以在代码里添加或修改：<path stroke="描边颜色" fill="填充颜色" d="路径数据">。我们只需要添加stroke（描边）和fill（填充）这两个颜色的参数就可以了。其他数据看不懂可以和前端或程序商量着修改就可以。

另外还有以下几点大家在做的时候也要注意，免得多次修改。为了避免出现"奇怪"的现象，我们在做字体图标的时候有几个注意点一定要把握好：

① 图形要做成闭合路径，不要出现未闭合的路径，如图3-54所示。言下之意MBE风格这类样式丰富的图标就不适合用PS做字体图标。

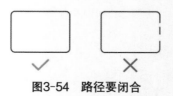

图3-54 路径要闭合

② 用AI绘制字体图标的时候要合并或建立复合路径，如图3-55所示。

③ AI里如果有描边，需要将描边轮廓化，也就是将描边转为填充，如图3-56所示。

④ 用阿里模板做的图标，要在限定的范围内绘制图形，而且要尽可能地把图标撑满绘制区域，可以以16×16的点阵来作为对齐和细节参考，如图3-57所示。

⑤ 图标的锚点能少的应尽量少，图形本身也尽量简洁一些，删除多余的或不必要的锚点，如图3-58所示。

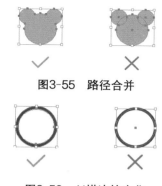

图3-55　路径合并

图3-56　AI描边轮廓化

图3-57　在限定区域内绘制图形

图3-58　图标锚点尽量少

⑥ 填充的颜色类型用纯色，因为目前还不支持渐变、图案和透明度，如图3-59所示。

最后对比出来，用AI做字体图标更加便捷，而且可编辑性更强，色彩也更丰富。其实我们也可以用Sketch这个软件来做SVG图标，这也是一款非常不错的软件。

图3-59　填充颜色用纯色

3.5 • 评估图标的设计质量

在GUI产品迭代的过程中，图标也会随着改变或随着新增功能而出现新的图标，我们在展示的时候就要进行图标的情景测试，评估一下图标的质量。展示有2种：一个是图标单独展示（脱离情景测试 out-of-context testing）；另一个是把图标放在真实、完整的界面里展示（情景测试in-context testing）。

我们可以根据图标设计的基本原则来进行测试。

3.5.1　识别性

识别性的测试可以先进行情景测试，我们将图标放在一个特定的环境中，看图标是否会被隐藏在近似的背景中，或者在多个同类型的图标中，用户是否需要长时间地去寻找这个图标，首次点击的准确率是多少。

例如QQ的圣诞节版启动图标，如图3-60所示，用户能否快速地找到它？

然后用非情景测试来进行。将图标置于无背景（通常为白色的底）的环境中，向受测用户（或甲方）单独展示图标，让受测用户猜测图标所代表的含义，如图3-61所示。这个方法可以测试图标能否被用户正确且容易地理解。如果不能就需要重新构思设计图标。

不管是情景测试还是非情景测试，我们要注意图标之间的差异性。图标之间是否会过于近似从而导致用户打开非目标应用或执行错误的操作。

对于功能图标来说，很多功能无法用图标很直观地来表现，例如"个性装扮""朋友动态"等，需要文字来辅助说明。

图3-60　QQ圣诞节版图标

3.5.2　统一性

启动图标，在各个平台（目前国内基本只考虑iOS和安卓）的造型是否一致；如果做的是安卓的主题图标，不同图标之间的规范是否统一。

功能图标，不同图标之间的规范是否统一。

3.5.3　吸引力

吸引力就是纯粹从视觉角度出发考虑问题的，能否通过图标来吸引用户的注意力。在测试功能图标的时候可以让用户说明喜欢或不喜欢的原因。如果有多套设计方案，可以让用户选择一套最喜欢的并给出理由。这样是为了做最小的改动而获得最适合的图标组。

图3-61　向用户单独展示图标

> **小贴士：** 图标的质量可以从以上几个方面来评估，但也不是唯一的方法。我们可以用这3点来发现图标设计的一些问题，但不能发现所有的问题，因为有一部分问题可能在个别用户中出现。

第4章

图标设计实战

前面理论部分讲了这么多，那么到底如何操作呢？相信大家已经摩拳擦掌、跃跃欲试了。本章我们就从实战角度来讨论图标设计。

4.1 ● PS中的设置

4.1.1 工具设置

打开首选项（快捷键Ctrl+K），在"工具"设置中，勾选上"将矢量工具与变化和像素网格对齐"（PS版本不同，位置和表述可能略有不同），如图4-1所示。

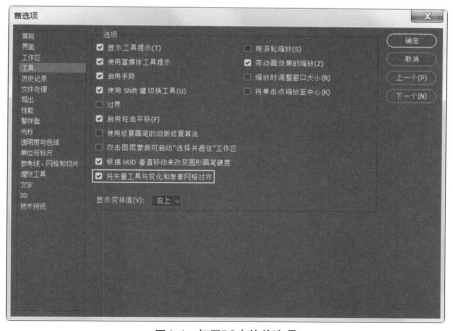

图4-1 打开PS中的首选项

4.1.2 单位与标尺

在"单位与标尺"设置中，把"标尺"的单位设置为"像素"；把"屏幕分辨率"设置为"72像素/英寸"（一般默认也是这个数值），如图4-2所示。

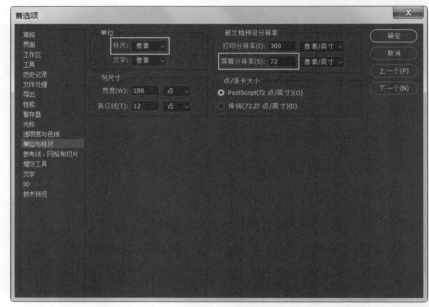

图4-2　设置"单位与标尺"

4.1.3 对齐边缘

在工具栏上选择形状工具并将属性栏上的"对齐边缘"勾选上，如图4-3所示。

图4-3　对齐边缘

4.1.4　钢笔工具

Step1：在工具栏上选择钢笔工具并把属性栏上的"自动添加/删除"和"对齐边缘"勾选上，如图4-4所示。

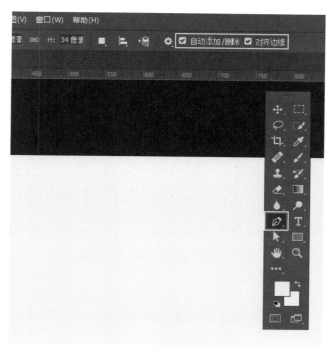

图4-4　选择钢笔工具

Step2：在钢笔工具和形状工具属性栏上的"选择工具模式"设置为"形状"，以便绘制图标时生成形状图层，如图4-5所示。

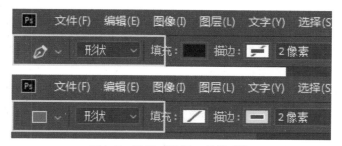

图4-5　设置"选择工具模式"

4.1.5　网格和参考线

在首选项中，选择"参考线""网格"和"切片"选项，将网格线间隔设置为"64像素"，子网格为"32像素"，如图4-6所示。

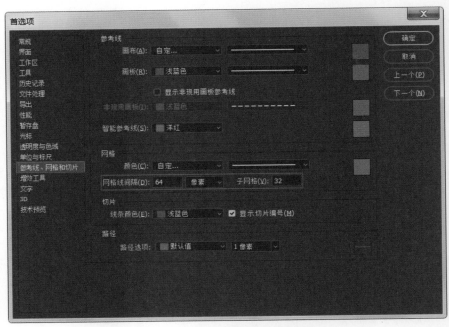

图4-6 设置"网格"和"参考线"

从零开始学UI设计
思路与技法

4.1.6 新建文档

新建文档的时候,选择"750×1334"这个尺寸。因为现在视觉稿大多数是按iPhone 6作为基准来开发的,如图4-7所示。

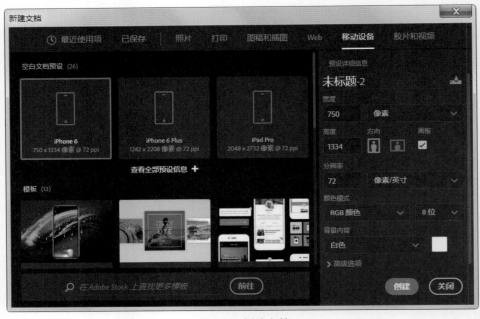

图4-7 新建文档

4.2 ● 布尔运算

"布尔运算"在软件中的含义简单地说就是图形的组合方式，有以下几种：新建图层、合并形状、减去顶层形状、与形状区域相交、排除重叠形状、合并形状组件。在属性栏和属性面板都有这些，如图4-8所示。

需要注意的是，PS里形状图层的布尔运算都是在同一个图层里完成的。不同图层无法进行布尔运算，必须先合并图层。

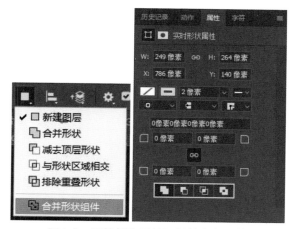

图4-8　属性栏和属性面板的布尔运算

4.2.1　新建图层

每次新画一条闭合路径就是一个图层，如图4-9所示。

4.2.2　合并形状

与原先的形状区域相加，以得到更大的显示区域。快捷键：Shift键。如图4-10所示。

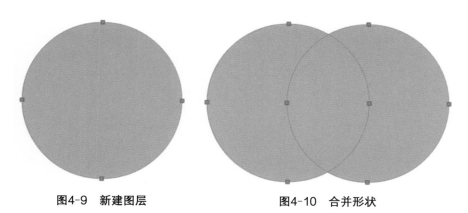

图4-9　新建图层　　　　　　　　　　图4-10　合并形状

4.2.3　减去顶层形状

新的形状区域减去原先已有的形状区域。快捷键：Alt键。如图4-11所示。

> **小贴士：** 当按住Alt键减去顶层的时候，我们画出来的是一个从中心缩放任意长宽比的形状，此时再按下Shift键（注意两个按键有先后顺序，而不是同时按下）可以让该形状从中心等比缩放。

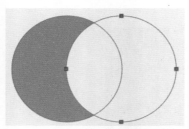

图4-11　减去顶层形状

> **小贴士：** 按Alt键减去的时候是减去一个任意尺寸的矩形或椭圆形，如果想要减去一个正方形或正圆形，再按Shift键，注意要先后去按。

4.2.4　与形状区域相交

新的形状区域和原先已有的形状区域相交，得到重叠的部分，不显示不相交的部分。快捷键：同时按下Shift+Alt键。如图4-12所示。

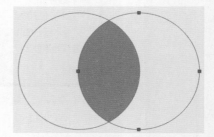

图4-12　与形状区域相交

4.2.5　排除重叠形状

新的形状区域和原先已有的形状区域相交，不显示重叠的部分，只显示不相交的部分，如图4-13所示。

4.2.6　合并形状组件

合并形状组件并非"合并形状"，两者是完全不同的含义。合并形状组件是将多条形状区域合并为一条形状区域，如图4-14所示。

图4-13　排除重叠形状

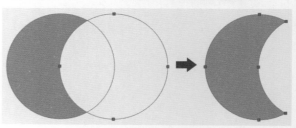

图4-14　合并形状组件

小贴士:

1. 在执行"合并形状组件"之前，所有的布尔运算都是可以更改的，我们只需选中要更改的闭合路径，在属性栏或属性面板做相应的修改即可。
2. 自定义形状的属性只有"浓度"和"羽化"2个选项。
3. 用矩形工具、圆角矩形工具、椭圆工具绘制的形状，一旦移动单个或若干锚点，都将自动转化成常规路径（可以理解为自定义形状）。
4. 矩形、椭圆、圆角矩形在被移动锚点或路径前会有警告确认的弹框，不喜欢可以勾选"不再提示"。

布尔运算从理论上来说就这些，大部分剪影图标都是利用布尔运算来实现的。PS和AI中也是用各种形状工具以及钢笔工具来实现。AI中绘制相对简单一些，PS中的逻辑性更强一些，两个软件都有各自方便和不方便的地方。

从切图方面来考虑，还是PS更加便捷，因为很多插件是为PS开发的，比如Cutterman，只支持PS和Sketch，不支持AI。

4.3 • 图标设计流程

4.3.1 设定需求，明确创作方向

在设计之前，一定要明确设计的需求，这样才能确定设计的方向。例如做音乐类的图标，就不能往绘画、服装、建筑等方面去思考，否则会偏离主题。下面以"QQ"为主题，进行安卓圣诞主题的图标设计。QQ原生图标如图4-15所示。

图4-15　QQ原生图标

4.3.2 头脑风暴，列举关键字

针对"QQ"和"圣诞"进行头脑风暴，罗列出所有能想到的关键词：企鹅、腾讯、围巾、圣诞老人、麋鹿、红色、圣诞帽等，从这些关键词中，我们再进行筛选，也就是释义的提取，留下符合主题的关键字，如图4-16所示。如果是商业设计，还需要考虑项目背景、产品特性等因素。

| 企鹅 | 腾讯 | 围巾 | 圣诞老人 |
| 麋鹿 | 圣诞帽 | 铃铛 | 圣诞树 |

图4-16　头脑风暴联想到的关键词

4.3.3 从关键字中联想造型，寻找灵感

现在想法是有了，但如何表现呢？这里，建议大家针对关键字去搜集一些合适的图片或观察现实生活中的实体物件。这样做一方面可以激发我们的想象力；另一方面可以针对图形的造型、色彩、质感等提供参考依据，如图4-17所示。

图4-17　利用关键字搜到的有关"圣诞节"的图片

4.3.4　手绘草图

当有了灵感确定了创作方向的时候，我们就需要在第一时间把它画出来，便于和大家讨论和修改。虽然现在很多设计师习惯于用电脑作图，但手绘速度快，方便修改，易于共享，能大大减少工作成本，并提高工作效率。同时，笔者认为，手绘是一个设计师必备的技能之一。

图4-18　手绘草图

手绘草图并不是真正的绘画，只需要将想要表达的造型、创意画下来即可，不用很精确。由于草图会根据需要不断地修改调整，所以处于一种持续的变化状态，如图4-18所示。

> **小贴士：** 我们可以不在绘画范围内把全部的元素都画出来，有些小的元素可以在旁边放大画，只需要在软件绘制过程中不出问题即可。

4.3.5　软件绘制初稿

手绘稿完成之后，就可以导入软件里进行绘制了。软件可以在很大程度上帮助我们修正手绘不足的地方。此时，我们只需要利用扁平化的风格去绘制图标即可。先把图标用偏色平涂的方式表现出来，此时要解决的是造型的优化和结构，如图4-19所示。

图4-19　扁平风格图标

4.3.6　确定风格

根据实物或图片参考，最终确定设计的风格、质感、颜色等。材质和光影使图标作品显得更加立体，增加真实感。这就需要设计师平时多观察和分析身边的事物，并对材质和光影以及透视有丰富的理解和经验。

4.3.7　视觉设计，完善细节

第一稿出来后，在1∶1（尺寸为512px×512px）的情况下看，细节丰富，也有圣诞节的特征：雪花、像素化的麋鹿，QQ企鹅头上还有麋鹿角，如图4-20所示。

但是当把图标放在手机界面中展示的时候发现背景的雪花太小，模糊不清；企鹅头上的麋鹿角太细，识别度低；上方的像素化麋鹿根本无法识别，只看到红色的小点；图标周围的一圈微扁平的边沿根本看不出任何细节，如图4-21所示。

在情景测试（in-context testing）中，图标细节丢失严重所以需要优化改进。

针对以上问题来进行一些优化：将鹿角简洁化并加粗；背景的星星去掉改成面积较大的圆点来模拟雪花；和整体风格不和谐的微扁平化的边框改成简洁的描边；第一稿中顶部的像素化麋鹿被舍弃，这样能使图标更简洁明了；在企鹅身上增加了白胡子和圣诞帽，看起来像圣诞老人，强化节日氛围，如图4-22所示。再次将图标放在手机界面中测试，效果比第一版好很多，如图4-23所示。

图4-20　设计第
　　　　一稿

图4-22　QQ图
　标优化后

图4-21　图标放在手机界面中测试　　图4-23　再次情景测试，效果好很多

4.3.8　切图输出

定稿之后，我们就可以输出图像，对于那些较小的尺寸，可能还需要对原图进行修改甚至重新绘制，更改原来的透视，甚至简化图标的结构。

4.4 ● 剪影图标的绘制及设计思路

前文我们讲过，剪影图标分为面性图标和线性图标，这两种图标的设计思路其实一样，不管是线性还是面性状态，剪影图标的重点都在造型而不是色彩。用抽象的几何图形来高度概括现实中的参照物，在抓住参照物特征的前提下除去不必要的细节部分，只保留最简练的外形和清晰的外轮廓。

图标尽量简洁，把细节着重放在对轮廓的造型上，还要考虑图标的识别性和与环境的融合性。再加上设计师自己的创意和想法。

面性和线性的不同之处在于：面性是一大块的颜色；线性是只有轮廓线，没有填充色。两者犹如印章的阴刻和阳刻。

例如"日程安排"的图标设计，我们通常会在笔记本或日程本或在日历上罗列出接下来的工作安排，但是日历这个元素又代表"日期"，所以为了不使两个图标搞混，在"日程"的图标设计上选择"列表"+"时钟"的组合设计方式。

Step1：画一个圆角矩形。用圆角矩形工具画一个圆角矩形来表示纸张，背景颜色和图标颜色自定，我们先用线性图标来表示，如图4-24所示。

Step2：分出日历的上下两部分。用钢笔工具给这个圆角矩形的右边和下边加2个锚点，按Alt键切换到"转换点工具"分别单击新添加的两个锚点，从曲线锚点转到直线锚点，如图4-25所示。

图4-24　画一个圆角矩形　　图4-25　分出日历上下部分

Step3：删除部分锚点。选中右下角两个锚点，键盘上按Delete键直接删除，圆角矩形就从闭合路径变成了不闭合路径，如图4-26所示。

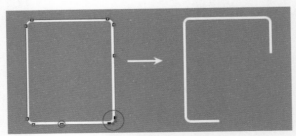

图4-26　删除部分锚点

Step4：更改端点。现在这条不闭合路径的端点是平的，我们给它改成圆的。单击"设置形状描边类型"按钮，在弹出的描边选项里将端点改成圆的，如图4-27所示。

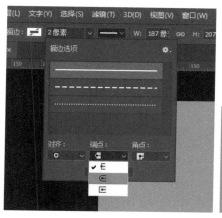

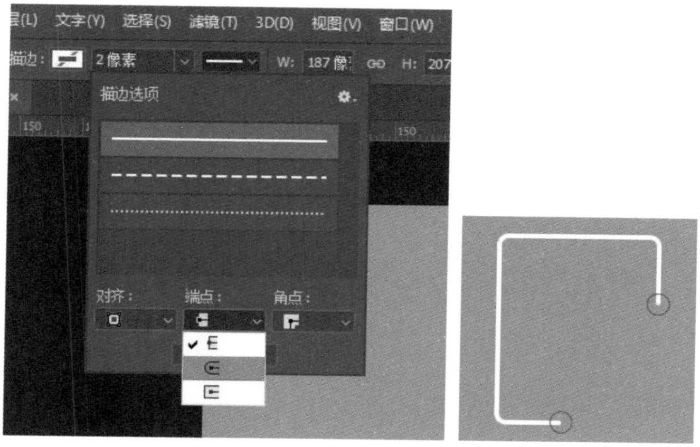

图4-27　更改端点

Step5：添加时钟。右下角已空缺出来，这部分的空缺就是为时钟而准备的。我们先画时钟的框，并和圆角矩形进行底对齐，如图4-28所示。

Step6：给时钟添加指针。指针画出时针和分针就可以了。然后把"角点"（也就是拐角地方）也改成圆的，如图4-29所示。

Step7：添加列表。我们在圆角矩形里画一些长短不一的横线，用来表示任务项，如图4-30所示。

这样一个完整的图标就完成了。我们还可以把它改成面性图标，如图4-31所示。

图4-28　添加时钟 　　图4-29　添加指针

图4-30　添加列表 　　图4-31　日历改为面性图标

4.5 ● 扁平图标的绘制及设计思路

扁平图标是用不同颜色的纯色来表现参照物的不同组成元素，去掉冗余的装饰效果（比如部分透视、纹理、渐变等能做出立体效果的元素），突出图标本身所承载的信息。在设计上比较强调抽象、概括、简洁及符号化，通常以正视图居多。扁平图标可以看成是剪影图标的"升级版"。

例如，"阅读"板块的图标设计，提到"阅读"，我们会自然而然地联想到书，书里有书签。一本书的造型其实也是很丰富的，有着许许多多的细节，但是我们不可能也不能将所有的细节都展现出来，所以我们用最简练的几何形将其概括地表现出来就可以了。

Step1：我们先建立一个蓝色的圆形作为图标本身的背景，如图4-32所示。

Step2：添加平行四边形。在圆的左半部分添加一个平行四边形，用来作为书的一半，如图4-33所示。

图4-32　建立一个蓝色　图4-33　添加平行四圆形作为图标背景　　　边形

Step3：将平行四边形变弯。书是不可能这么直的，所以在上下两条边各加一个锚点，并移动一定的位置，使得上下两条边从直线变成曲线，如图4-34所示。

Step4：复制书的另一半。书的左右造型是一致的，左边造型完成后可以复制并翻转一下，就

图4-34　将平行四边形　图4-35　复制书的另一半变弯

得到右边造型，使书的左右对称，如图4-35所示。

Step5：做出页数的层次。书有好多页组成，我们不可能一一做出来，所以做几页示意一下即可。需要注意的是，最上面的页数颜色最浅，下面几页颜色逐渐变深，如图4-36所示。

图4-36　做出页数的层次

Step6：添加书的封面和封底。如图4-37所示添加书的封面和封底。

Step7：放置书签。还可以给书再增加一个书签，如图4-38所示。

Step8：最后给蓝色的圆形背景加一些点缀，使图标更加美观，如图4-39所示。

这样一个扁平风格的图标就完成了。其实我们把蓝色的圆形背景和点缀去掉也是一个完整的图标。

图4-37　添加书的封面和封底　　　图4-38　添加书签　　　图4-39　背景添加点缀

4.6 ● 微扁平图标/轻写实图标的绘制及设计思路

　　微扁平图标和轻写实图标其实是没有严格区分的，都是介于扁平化和写实化之间的风格。相对于扁平化图标，轻写实或微扁平有了明显的光影效果，需要遵循三大面（亮面、灰面、暗面）和五大调（亮部、灰部、明暗交界线、反光、投影）。

> **小贴士：**三大面和五大调是素描术语，微扁平和轻写实都不需要特意表现参照物的材质，只需要把明暗关系表现出来即可。

　　例如，设计一个"时钟"的图标，时钟图标常规的是一个钟盘或表盘的样子，如图4-40所示。

　　为了能和其他时钟区分，这里选择了一个翻页时钟的类型，如图4-41和图4-42所示。

图4-40　常规时钟　　　　　图4-41　参考图　　　　　图4-42　完成稿

　　Step1：新建文档，参数如图4-43所示。

　　Step2：用形状工具绘制114 px×104px，圆角半径为20px的圆角矩形，颜色为#788083，并将图层命名为"底座厚度"，如图4-44所示。

图4-43　参数设置

Step3：复制"底座厚度"图层，将图层名改为"底座边缘"，并将颜色改为#dde2e6。将"底座边缘"向上移动10px，如图4-45所示。

Step4：绘制一个圆角矩形，尺寸为100px×80px，圆角半径为13px，颜色为#697174，命名为"底座凹陷厚度"，如图4-46所示。

图4-44 "底座厚度"图层　　图4-45 "底座边缘"图层　　图4-46 "底座凹陷厚度"图层

Step5：绘制一个圆角矩形，尺寸为100 px×86px，圆角半径为13px，颜色为#1e1f20，命名为"底座凹陷平面"，如图4-47所示。

Step6：选中刚才所绘制的所有形状，按快捷键Ctrl+G，建立一个图层组，命名为"底座"，如图4-48所示。

图4-47 "底座凹陷平面"图层　　　　图4-48 "底座"图层组

Step7：绘制第一层翻页。翻页由2个圆角矩形组成，单个的圆角矩形为44px×77 px，圆角半径6px，颜色为#4a4b4d，最后利用布尔运算绘制出完整的造型（左右两个翻页可以在同一个层里），并将图层名称改为"翻页-上"，如图4-49所示。

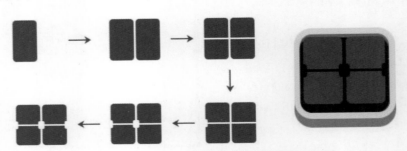

图4-49 翻页绘制过程以及效果

Step8：复制"翻页-上"图层，命名为"翻页-中"，将颜色的明度降低一些，把图层放置在"翻页-上"的下方，如图4-50所示。然后把下方的锚点往下移动3～4px的距离，如图4-51所示。

图4-50　翻页的图层顺序

Step9：用同样的方法做好第三层翻页，命名为"翻页-下"。如图4-52所示。

图4-51　选中并移动锚点

Step10：在"翻页"的图层组上方新建图层组，命名为"轴"，然后在这个图层组里新建一个圆角矩形，大小为3 px×11px，圆角半径为1px，颜色为#686868，命名为"轴-主体"，如图4-53所示。

图4-52　翻页的完整图层顺序

Step11：在"轴"的图层组上新建图层组，命名为"数字"，然后在这个组里面直接输入数字。数字的字体可以按自己的喜好来定，建议选择稍微细长一点的字体，颜色稍微偏灰一些，如图4-54所示。

图4-53　新建"轴-主体"

扁平化的步骤已经完成，图标的结构也完成了，如图4-55所示。接下来就要开始添加光影效果，使图标在扁平化的基础上更加立体。

图4-54　新建"数字"图层组

Step12：我们给"底座厚度"这个图层用图层样式添加一个投影，投影的颜色为黑色，混合模式为"线性加深"（混合模式可以自己调试，看哪个适合就用哪个），不透明度为30%，角度为90°，"距离"和"大小"都为3px，如图4-56所示。

Step13：在"底座厚度"图层上用矩形工具画一个矩形（宽

图4-55　扁平化整体效果

度、高度自定），图层填充为0或直接设置无填充，如图4-57所示。

图4-56　添加投影

 或

图4-57　画一个矩形的设置

给矩形添加渐变叠加，设置如图4-58所示。

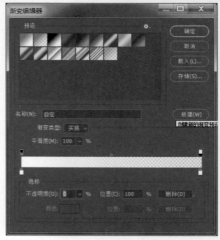

图4-58　添加渐变叠加

将这个图层命名为"底座光效",放在"底座厚度"的左边。复制这个图层,放在"底座厚度"的右边,和"底座厚度"这个图层建立剪贴蒙版,如图4-59所示。

图4-59　底座光效设置

Step14:给"底座边缘"图层添加高光和渐变。用内阴影来模拟高光效果,用渐变叠加做出边缘由上往下逐渐变暗的效果(近光源较亮),如图4-60所示。

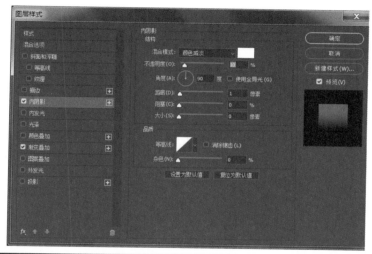

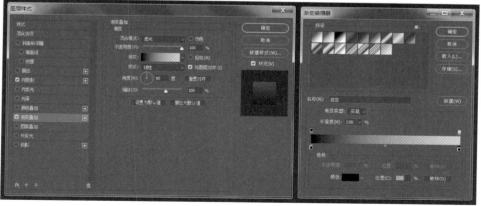

图4-60　底座边缘设置

Step15：将"底座光效"图层再复制2层，放在"底座凹陷厚度"图层的上方，命名为"凹陷光效"，并和"底座凹陷厚度"图层建立剪贴蒙版，如图4-61所示。

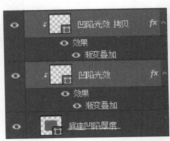

图4-61 凹陷光效设置

Step16：给"底座凹陷平面"这个图层添加内阴影来模拟"底座凹陷厚度"造成的投影；用白色的投影来模拟"底座边缘"下方高光。如图4-62所示。

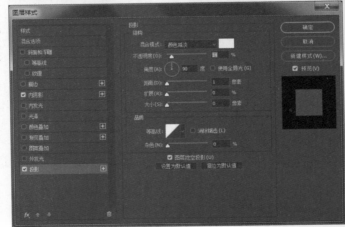

图4-62 底座光效处理

Step17：给"翻页-上"图层添加白色内阴影来模拟高光；添加黑色到投影的渐变叠加模拟由上往下逐渐变亮的光影效果，并添加一个投影，如图4-63所示。

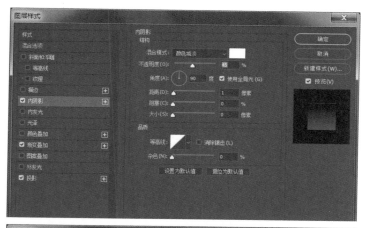

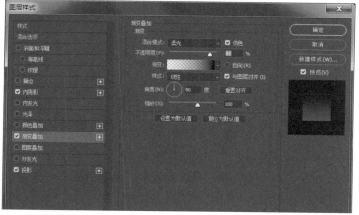

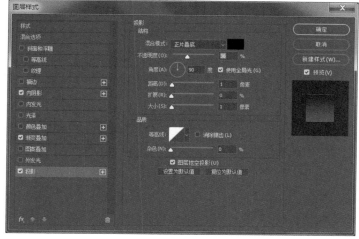

图4-63　模拟高光和变亮的光影效果

Step18：给"翻页-中"和"翻页-下"图层添加投影，参数可以直接从"翻页-上"复制。按住Alt键直接拖拽"翻页-上"的投影（或其他想复制的图层样式）就能实现图层样式的复制，如图4-64所示。

Step19：给"轴-主体"这个图层添加渐变叠加，做出它的光影效果，如图4-65所示。

图4-64　添加投影

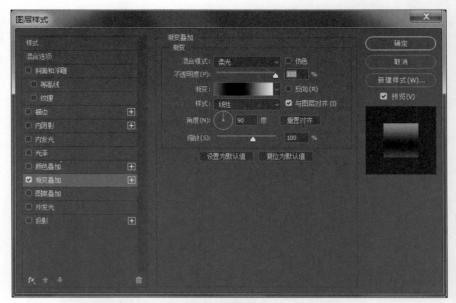

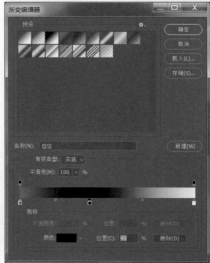

图4-65　添加渐变叠加的光影效果

Step20：在"轴-主体"图层上用矩形工具画一个矩形，高为1px，宽和"轴-主体"图层等宽，颜色为黑色，更改图层混合模式为"柔光"，命名为"锯齿"。在同一个图层中多复制几个矩形出来，排列如图4-66所示。

Step21：给"锯齿"图层添加投影，如图4-67所示。

图4-66 设置"锯齿"图层

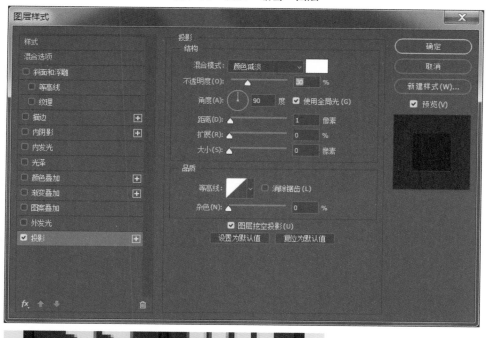

图4-67 给"锯齿"图层添加投影

Step22：给"数字"图层组添加蒙版，在上下两片翻页的缝隙处用矩形选框工具拉一个选区出来并填充黑色，如图4-68所示。

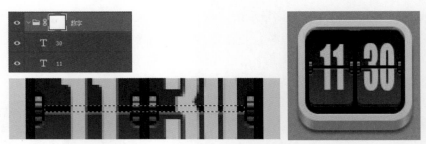

图4-68　给"数字"图层添加蒙版

Step23：绘制一个高为1px的白色矩形，和"数字"图层组建立剪贴蒙版，并将不透明度改为50%，如图4-69所示。

Step24：给数字11（或30）添加渐变叠加，按Alt键拖拽渐变叠加至另一个数字图层，如图4-70所示。

图4-69　建立剪贴蒙版

图4-70　给数字添加渐变叠加

至此，这个"时钟"的微扁平图标就完成了。轻写实的图标绘制思路和过程相类似，除了图标造型还要考虑光影对图标的影响，让图标看起来有立体感。

4.7 • 写实图标的绘制及设计思路

写实图标是在微扁平和轻写实的基础上更进一步表现参照物的真实感，除了要更细致地表现物体的三大面和五大调，也要表现出物体的材质和厚实感。

写实图标的常见创作素材以手机（iPhone居多）、照相机、笔记本电脑等居多，外轮廓以iOS启动图标的圆角矩形居多。

本节就以一个"古老"的索爱手机为案例，逐步说明怎么把一个手机变成圆角矩形的写实图标。

做写实图标建议大家分以下4个步骤来完成。

第1步：仔细观察

在做之前，最好有一个现实中的参照物作为创作的对象，这样是为了方便多角度观察参照物，以便我们能把细节做得更好。然后仔细观察，这个参照物可以分为几个大的部分，在大的部分中又有许多个小元素，小元素中还有更小的元素等。这个步骤也就是分析、观察元素的特征和结构。

第2步：认真思考

要思考做图标的时候光源可以定在哪里，有没有地方需要变形，变形后又如何保持原来的特征，如何做到变形后还是和谐统一的，在软件里光影和材质又是如何表现，等等。

除此之外，还需要定一个视觉角度，是俯视、平视、仰视还是侧视（左侧还是右侧），因为视觉角度不同，透视也不同，可不要犯了这种常识性的错误。

在做图标的时候，通常选择正视的角度，也有稍微带一点俯视、仰视或侧视，极少会有两点透视。一点透视示意如图4-71所示。

图4-71　一点透视示意

第3步：手绘草图

这个步骤也许不是人人都能办到，但是没关系，我们只需要先画一个圆角矩形（iOS启动图标外轮廓），把看到的元素合理地"塞"到里面，这样对于每个元素的结构就心里有数了。

在手绘的过程中，需要将元素的变形、取舍、排列、光影等因素在这个步骤里解决。这样在软件绘制的过程中就可以更加明朗。

第4步：软件绘制

有了手绘稿之后我们就可以在软件中开始绘制了（常用的是PS），这里先从纯扁平化开始，用纯色的色块来表示每一个组成的部件（元素）。在这个步骤中，我们还要解决的一个问题就是图层管理。每一个大的部件为一个图层组，里面又有好几个图层组包含不同的部分。

同时，扁平化也是搭建写实图标的"骨架"，所有的效果最后都是加在这些图层上的。扁平化完成后就进入了微扁平/轻写实的状态了，我们用图层样式、各种蒙版合理组合，用来给各个元素增加立体的效果。

我们要先确定一个光源的角度，常见的有左上方45°，右上方45°，正上方90°。然后所有和光影有关的角度都要遵循这个逻辑角度（注意，这里说的是"逻辑角度"而不是角度，"逻辑角度"指的是光源的角度，"角度"指的是软件里的参数），这样才能保证不会出现常识性的错误。

下面我们来详细分析一下绘制的过程。

（1）仔细观察

我们先来找出手机的特征和结构，如图4-72所示：

图4-72　手机的特征和结构

① 手机主要由3部分组成，有厚度的顶面，中间主要是屏幕，下面主要是按键；

② 有厚度的顶面有挂饰品的孔、锁屏键，还有一条金属包边；

③ 按键由3个圆构成，中间有金属的质感，按键最下方还有一个轴；

④ 按键在翻盖上，翻盖左右两边有小小的"手把"；

⑤ 最下方的轴上有LOGO；

⑥ 屏幕上方有索爱的英文字样和听筒。

然后我们把问题拆分一下，把所有的元素都找出来并且归类，这样对绘制过程中图层管理也是很有好处的。

（2）认真思考

元素都找出来后，我们可以思考哪里需要变形。在保证这些特征的前提下进行适当的变形，好适应新的外轮廓。手机的宽高比例大概是2：5，如果要将这个比例改成iOS的1：1，屏幕就必须从竖的改成横的，界面也适当地做出修改，按键上下的空间可以减少，其他元素保留即可。

（3）手绘草图

手绘似乎就没那么简单了。之前讲过手绘草图并不是真正的绘画，只需要将想要表达的造型、创意画下来即可，定好各元素的比例及位置，可以不用很精确。手绘的草图我们也可以随时随意地进行修改，手绘的过程也可以帮助我们加强对造型、结构、透视的理解和把控，如图4-73所示。

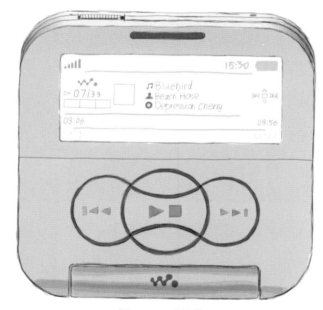

图4-73　手绘草图

（4）软件绘制

在手绘稿确定后，我们就可以导入软件开始绘制了。可以先利用扁平化的思考过程，对区域进行划分，把大区域用色块表示出来。这里色块的颜色建议使用与参照物相对应元素的固有色，以便后期调整方便。

小贴士： 内阴影和投影都可以用来做高光，只需要适当更改参数即可。

以下是图标案例的具体步骤：

Step1：新建800px×800 px，分辨率为72ppi的画布。如图4-74所示。

Step2：绘制一个512px×200px，颜色为#373737的圆角矩形，放于画布适当的位置，并将图层命名为"顶部厚度"。在属性面板解锁"将圆角半径值链接到一起"，把左下和右下的圆角半径调为0px，左上和右上的圆角半径调为90px。如图4-75和图4-76所示。

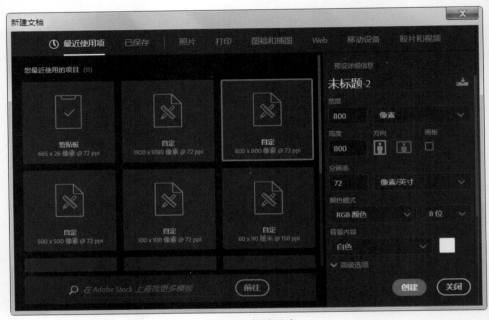

图4-74　新建画布

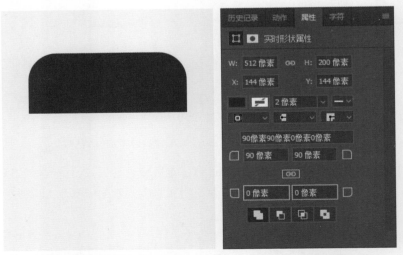

图4-75　绘制圆角矩形　　　　图4-76　属性面板设置

图4-77　复制"顶部厚度"图层

图4-78　图层顺序（上半部）

图4-79　复制"上半部"

图4-80　图层顺序（下半部）

Step3：将"顶部厚度"图层复制一层，将高度改为238px，颜色为#313131，并向下移动26px。将图层命名为"上半部"。如图4-77和图4-78所示。

Step4：在图层面板选中图层"上半部"，按Ctrl+J复制图层，命名为"下半部"，并垂直翻转，高度改为248px。如图4-79和图4-80所示。

Step5：现在3个主要的区域就已经出来了，我们可以给这3个区域进行分组，如图4-81所示。

Step6：我们给顶部加上橙色的金属条。复制"顶部厚度"这个图层，命名为"顶部金属条"把颜色改成#fe9814，高度为100px，向

图4-81　分组

下移动7px的距离。如图4-82所示。

Step7：随后复制粘贴这条路径，把复制出来的路径向下移动8px，在属性面板更改布尔运算方式为"减去顶层"。如图4-83和图4-84所示。

Step8：用矩形工具画出一个80px×8px，颜色为#0f0f0f的矩形，这个是锁屏键的滑动槽。同时我们将图层命名为"锁屏键滑动槽"，如图4-85所示。

Step9：再用矩形工具画一个73px×8px，颜色为#212121的矩形，用来作为锁屏键的滑块，并将图层命名为"锁屏键滑块"，如图4-86所示。

图4-82　绘制"顶部金属条"

图4-83　减去顶层　　　　　　　　图4-84　属性面板调整

图4-85　画"锁屏键滑动槽"　　　　图4-86　画"锁屏键滑块"

Step10：用圆角矩形绘制一个4px×6px，颜色为#484848，圆角半径为1px的圆角矩形。然后用小黑箭头选中这个圆角矩形（显示出它所有的锚点），按快捷键Ctrl+C，Ctrl+V，复制粘贴路径。然后按快捷键Ctrl+T进行自由变化，确定后按Ctrl+Alt+Shift+T，重复上一次变化。将图层命名为"锁屏凸起键"，如图4-87所示。

Step11：复制图层"锁屏凸起键"，更改颜色为#2e2e2e，将图层名称改为"锁屏凸起键厚度"并将图层置于"锁屏凸起键"的下面，如图4-88所示。

Step12：用椭圆工具画一个12px×4px的椭圆，颜色为#212121，建立一个图层组，命名为"挂件孔"，放在右侧适当的位置，如图4-89所示。

Step13：复制这个图层，将颜色改为#0f0f0f，建立剪贴蒙版，向下移动2~3px。用蒙版层来模拟挂件孔的厚度，如图4-90所示。

至此，顶部厚度的所有元素的扁平化搭建已经完成，接下来来完成手机上半部分的元素扁平化搭建。

图4-87 绘制"锁屏凸起键"

图4-88 绘制"锁屏凸起键厚度"

图4-89 绘制"挂件孔"

Step14：用椭圆工具画一个直径为12px，颜色为#212121的圆，在同一个图层里复制这个圆，使图层宽度变为130px，两个圆之间的空白处用矩形填补上。然后将图层名称改为"听筒"，并建立同名图层组，同时和图层"上半部"进行居中对齐，如图4-91所示。

Step15：我们从网上搜"索尼爱立信"的

图4-91 建立"听筒"图层

图4-90 模拟挂件孔厚度　　　图4-92 "索爱字样"图层

LOGO，尽量找清楚的大尺寸素材，然后通过各种抠图方式把"Sony Ericsson"字样从画面中抽离，形成独立的图层并填充浅灰色。

Step16：将抠图出来的索爱英文字样拖进图标文档中，在图层面板单击右键（一定要选对图层）转为智能对象。将图层命名为"索爱字样"，如图4-92所示。

Step17：调整图层"索爱字样"的大小和位置，如图4-93所示。

Step18：用圆角矩形工具画一个400px×166px，圆角半径为4px，颜色为

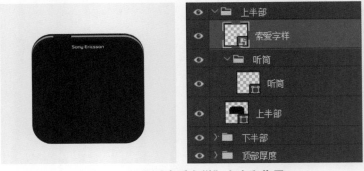

图4-93 设置"索爱字样"大小和位置

#d9873e的圆角矩形，并放于适当位置。然后将图层名称命名为"屏幕"，并建立同名图层组。如图4-94所示。

　　Step19：用圆角矩形工具，绘制一个504px×228px的圆角矩形，将填充去掉，描边粗细为1px，描边颜色为#212121，圆角半径左上和右上为86px，左下和右下为0px。并将图层命名为"边框"，调整图层位置和图层顺序，如图4-95所示。

　　Step20：用矩形工具绘制一个512px×2px的矩形，颜色为#212121，和图层"上半部"进行水平居中对齐和底对齐，并且将其命名为"缝隙"，如图4-96所示。

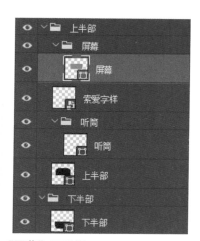

图4-94　建立"屏幕"图层组

图4-95　建立"边框"图层

图4-96　建立"缝隙"图层

上半部所有元素的扁平化搭建已经完成，屏幕内容暂且不添加，接下来我们来完成手机下半部分元素的扁平化搭建。

Step21：用椭圆工具画一个直径为126px的圆（在画的时候按Shift键能绘制正圆），颜色为#212121，和"听筒"的绘制方式一样，在同一个层中复制出一个圆，使图层宽度变成330px。还是在同一个层中，按Shift键在两个圆中间新增一个直径为154px的圆。将图层命名为"翻盖按键槽"，并放在适当位置，如图4-97所示。

Step22：用椭圆工具画一个直径为118px的圆，颜色为#313131，在同一个层中复制出一个圆，使图层宽度变成322px。还是在同一个层中，按Alt键在两个圆中间减去一个直径为154px的圆。将图层命名为"上/下一曲"，并放在适当位置，如图4-98所示。

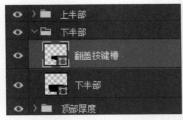

图4-97　建立"翻盖按键槽"图层　　图4-98　建立"上/下一曲"图层

Step23：用椭圆工具绘制一个直径为146px，颜色为#ff9000的圆，放在"翻盖按键槽"的正中间，将图层命名为"播放键"，如图4-99所示。

图4-99　建立"播放键"图层

Step24：在同一层新增一个直径为210px的圆，向上（或向下）挪动一定位置，让这个圆看起来和左右两个圆的圆周相切。如图4-100所示。

Step25：随后在下方（或上方）也复制一个直径为210px的大圆。注意两个圆要上下对称，如图4-101所示。

> **小贴士**：为了更好地做到对称，可以使用参考线来辅助。

Step26：还是在这个图层中，上下各新增一个直径为202px的圆。这样就形成了上下各有一个圆环，圆环的大圆和小圆为同心圆，如图4-102所示。

图4-100 上方新建圆　　　　图4-101 下方复制圆　　　　图4-102 形成上下圆环

Step27：选中上下两个大圆，在属性栏上将其布尔运算方式改为"减去顶层"，如图4-103所示。

Step28：选中中间的圆，更改"路径排列方式"，选择"将形状置为顶层"，如图4-104所示。

  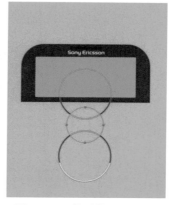

图4-103 减去顶层　　　　　　　　　　图4-104 将形状置于顶层

置为顶层后会变成现在这个样子，大家不要担心，只需要在属性面板将其布尔运算方式改为"相交"就会得到我们想要的结果了，如图4-105所示。

图4-105 "相交"后的效果

Step29：给几个按键加上小图标，然后整理下图层，按功能建立图层组，如图4-106所示。

Step30：选中"下半部"这个图层，按Alt键用圆角矩形工具在底部的中间减去一个330px×57px的圆角矩形。然后将左上角和右上角的圆角半径设为5px，左下角和右下角的圆角半径设置为0px，如图4-107所示。

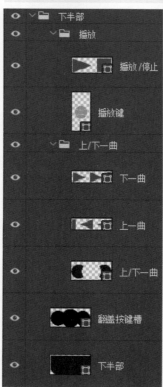

图4-106 给按键添加图标　　图4-107 创建圆角矩形

Step31：用圆角矩形工具绘制一个328px×56px，圆角半径为4px的圆角矩形，颜色为#313131。将这个新的图层命名为"翻盖轴"，并建立同名图层组，如图4-108所示。

Step32：用矩形工具绘制一个330px×44px，颜色为黑色的矩形，和图层"翻盖轴"进行居中对齐，并置于"翻盖轴"的下方，如图4-109所示。

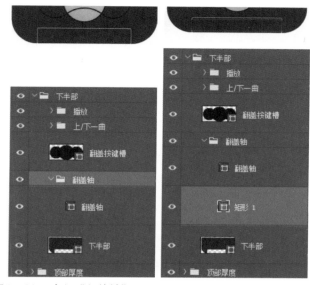

图4-108　建立"翻盖轴"图层　图4-109　创建新的矩形

Step33：接下来就要开始添加一些效果了。先选中"顶层厚度"这个图层，给它添加一个渐变叠加。混合模式为"正常"，不透明度为40%，样式为"对称的"，角度为0。如图4-110所示。

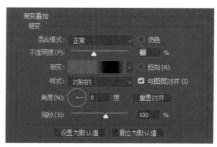

图4-110　添加效果

下面3个色标的颜色和位置从左往右分别为：#666666，45%；#000000，75%；#666666，100%。如图4-111所示。

Step34：给"顶部金属条"添加渐变叠加，混合模式为"颜色减淡"，不透明度为35%，样式为"对称的"，角度为0。如图4-112所示。

图4-111　3个色标的颜色和位置

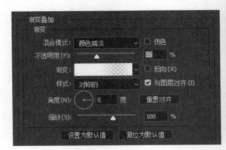

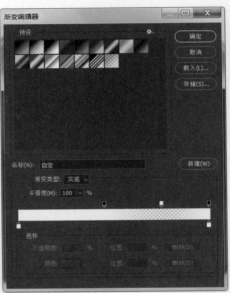

图4-112　给"顶部金属条"添加渐变叠加

下面两个色标颜色均为白色，上面3个色标不透明度及位置从左往右分别为：100%，45%；0%，75%；100%，100%。如图4-113所示。

Step35：给"顶部金属条"添加高光，用内阴影来做，如图4-114所示。

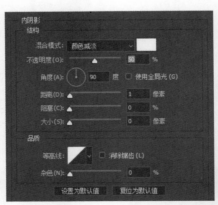

图4-113　色标的位置和不透明度设置

图4-114　给"顶部金属条"添加高光

Step36：给"锁屏凸起键"添加一个高光，也用内阴影来做。可以按住Alt键，直接把"顶部金属条"的内阴影拖到"锁屏凸起键"这个图层上，这样就可以直接复制图层样式了，如图4-115所示。

图4-115　给"锁屏凸起键"添加高光

Step37：给"挂件孔"的蒙版层添加一个白色的投影，如图4-116所示。

Step38：选择图层"上半部"，添加渐变叠加，如图4-117所示。

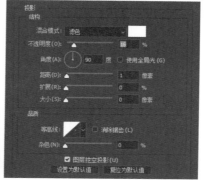

图4-116　给"挂件孔"蒙版层添加白色投影

图4-117　给"上半部"图层添加渐变叠加

Step39：选择图层"边框"，添加白色投影，如图4-118所示。

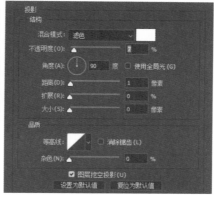

图4-118　给"边框"添加白色投影

Step40：选择图层"听筒"，添加内阴影和白色投影，如图4-119所示。

Step41：在"听筒"层上画一个直径为4px，颜色为黑色的圆，并和"听筒"图层进行顶对齐和左对齐，如图4-120所示。

Step42：选中这个圆的所有锚点，按快捷键Ctrl+C和Ctrl+V，然后自由变换按快捷键Ctrl+T，向右移动4px的距离，如图4-121所示。

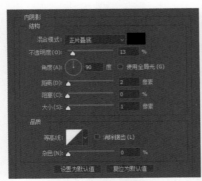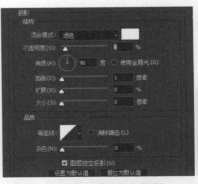

图4-119　给"听筒"添加内阴影和白色投影

图4-120　画一个黑色的圆　　　　图4-121　复制黑色的圆

Step43：按快捷键Ctrl+Alt+Shift+T，重复上一次变化，如图4-122所示。

Step44：和"听筒"图层执行居中对齐，如图4-123所示。

Step45：复制这一排的圆，向下移动4px，再向左移动4px，删除最后一个圆，如图4-124所示。

Step46：复制第一排的圆，向下移动8px，如图4-125所示。

Step47：和"听筒"建立剪贴蒙版，并添加白色投影，如图4-126所示。

图4-122　复制圆

图4-123　居中对齐

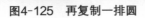

图4-124　复制整排圆并移动

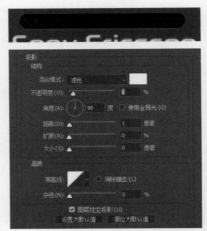

图4-125　再复制一排圆　　　　图4-126　给"听筒"建立剪贴蒙版并添加白色投影

Step48：选择图层"索爱字样"，添加渐变叠加用来做光效，颜色为黑白渐变。如图4-127所示。

Step49：暂时先跳过屏幕的排版重构，先把整体效果做出来。选择图层"下半部"，添加渐变叠加。如图4-128所示。

Step50：复制"下半部"这个图层，将图层命名为"下半部厚度"，把图层填充不透明度调为0（或直接将填充设为"无填充"亦可），添加一个2px的描边，用来模拟它的厚度，并把描边的填充类型设置为"渐变"。如图4-129所示。

图4-127　选择LOGO并做光效

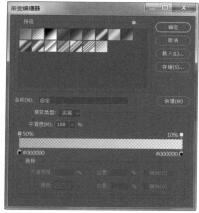

图4-128　添加渐变叠加

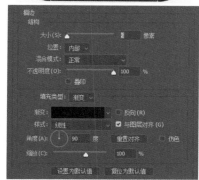

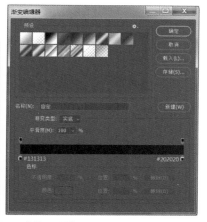

图4-129　"下半部厚度"图层设置

Step51：用矩形工具绘制一个矩形，大小为512px×44px，用来做翻盖弯曲的部分。将此图层置于"下半部"图层的上方，并和"下半部"图层建立剪贴蒙版。填充调为0，添加渐变叠加。如图4-130所示。

Step52：在图层"下半部厚度"中用矩形工具绘制一个矩形，大小为508px×2px，颜色为#3f3f3f。用这个矩形来做翻盖的高光。和"下半部厚度"进行水平居中对齐和顶对齐。如图4-131所示。

图4-130　绘制翻盖弯曲部分

Step53：给图层"翻盖轴"添加渐变叠加，不要关闭图层样式对话框，直接在画布上移动渐变，把亮部往上提。如图4-132所示。

图4-131　翻盖高光处理

Step54：在图层"翻盖轴"上用矩形工具绘制一个328px×12px的矩形，图层命名为"反光"，填充不透明度为0，添加渐变叠加，颜色为白色到透明，并和图层"翻盖轴"建立剪贴蒙版。如图4-133所示。

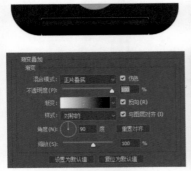

图4-132　亮部上提

图4-133　绘制反光图层

小贴士：为了不使"翻盖轴"的渐变叠加影响上面的图层，可以对"翻盖轴"图层进行一个小小的设置。可以打开图层样式的"混合选项"部分进行设置。如右图所示。

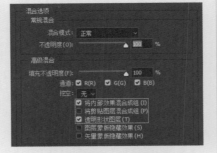

"去二勾一"设置

Step55：再选择"翻盖轴"这个图层，添加内阴影来加强它的光影效果以及适当增添厚度感。如图4-134所示。

Step56：用矩形工具绘制一个尺寸为328px×26px左右的矩形，将图层命名为"高光"，用来做"翻盖轴"的高光。将"高光"和"翻盖轴"建立剪贴蒙版，并将图层填充不透明度调为0并添加渐变叠加。如图4-135所示。

为了让渐变过渡得更加柔和一些，可以将"高光"图层进行一定羽化。打开属性面板调整羽化值即可。如图4-136所示。

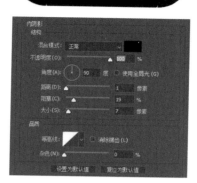

图4-134　添加内阴影

图4-135　"翻盖轴"高光处理

图4-136"高光"图层的羽化

Step57：选择图层"翻盖按键槽"，添加图层样式，做出凹陷的感觉。用内阴影来做凹陷形成的投影，用白色的投影来做下方的高光。如图4-137所示。

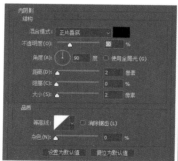

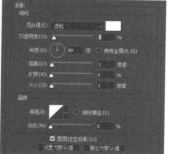

图4-137　凹陷效果设置

Step58：用矩形工具画一个和图层"下半部"尺寸、颜色都一致的矩形，并复制"下半部"的图层样式，和图层"上/下一曲"建立剪贴蒙版。同时，给它添加图层样式来模拟立体感。如图4-138所示。

图4-138　复制"下半部"图层样式

Step59：选择图层"上一曲"，添加投影和内阴影，让图标"凹陷"下去，并将图层样式复制到图层"下一曲"和"播放/停止"。如图4-139所示。

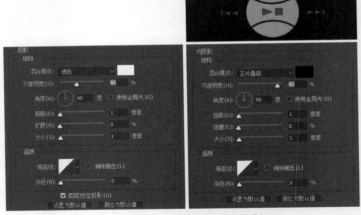

图4-139　添加投影和内阴影

Step60：将图层"上/下一曲"的图层样式复制到图层"播放键"上，并给"播放键"添加渐变叠加，用渐变来模拟它光滑的光效。如图4-140所示。

色标在0%、20%、40%、60%、80%、100%的位置颜色为白色；在10%、30%、50%、70%、90%的位置颜色为黑色。

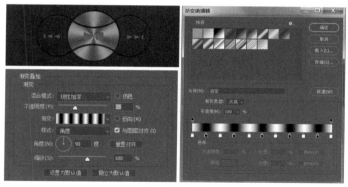

图4-140　添加渐变叠加

Step61：我们把底部的图形放上去，放在图层组"翻盖轴"的最上方，并给它添加图层样式。如图4-141所示。

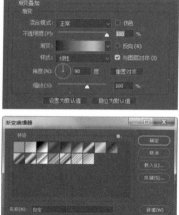

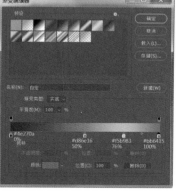

图4-141　添加底部LOGO

Step62：接下来就是要处理屏幕的排版了。简单一点，可以模拟手机处于关机状态，那么这样就不用考虑屏幕的内容了。如果想做得丰富细致一点，就需要考虑屏幕内容的排版，以便让内容适应新的形状。如图4-142所示。

Step63：先观察手机实拍图中的界面，大致可以分为三部分。如图4-143所示。

第一部分为状态栏，包括时间、信号、电量等信息。第二部分为列表信息，

图4-142　屏幕内容排版　　　　　　　图4-143　手机屏幕分三部分

包括列表歌曲数量、当前歌曲序号、播放进度等信息。第三部分为歌曲信息，包括歌曲、歌手、专辑名称及一个播放控制图标。

　　这样划分清楚之后，就可以把这些元素按规律拆开，在"新的"屏幕里有序地重新排列。第一部分依旧为状态栏，只是左右的内容像网页一样可以"自动"地左浮动和右浮动。为了适应新的屏幕，可以把第二部分和第三部分进行合并，左边为列表信息，中间为歌曲信息，右边为播放控制图标。然后将播放进度作为"分割线"把第二部分包围起来。第三部分为一个分割线和"Stop"和"More"字样。如图4-144所示。

图4-144　屏幕制作效果

小贴士：在排版的时候也要好好考虑图层管理，如果没有养成这个好习惯，以后会很麻烦。

　　Step64：由于手机上半部分是比较光滑的，对光相对敏感，可以给它做一个比较大的反光。比如图4-145中手机效果。

　　选中图层"上半部"，快捷键Ctrl+J复制一层，放在图层组"上半部"的最上方，并将高度减少2px，命名为"光效-左"。再复制一层，命名为"光效-右"。如图4-146所示。

图4-145　手机反光效果

Step65：隐藏"光效-右"，选择"光效-左"，把图层填充调为0，用矩形减去一部分，调整矩形的锚点，使矩形变成梯形，执行"合并形状组件"，再添加渐变叠加。如图4-147所示。

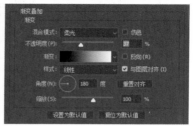

Step66：显示"光效-右"，将图层填充调为0，把"光效-左"的渐变叠加直接复制过来，将渐变的角度改为90°并添加图层蒙版。按Ctrl键单击"光效-左"的图层缩略图，将"光效-左"载入选区，将前景色设为黑色并填充。如图4-148所示。

图4-146　"上半部"光效处理　　图4-147　"合并形状组件"添加渐变叠加

Step67：用圆角矩形工具绘制一个512px×512px，圆角半径为90px的圆角矩形，随便添加一个颜色或者将填充设置为"无"，将图层填充调为0（或直接将图层填充设为"无"）。别忘记勾勒出翻盖轴的造型，然后添加一个投影。如图4-149所示。

图4-148　设置前景色为黑色

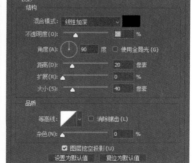

图4-149　绘制圆角矩形

Step68：给背景添加一个蓝色，色值为#246791，然后用椭圆工具画出一个圆，填充调为0，添加渐变叠加，再调整大小及位置。如图4-150所示。

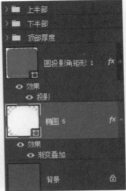

图4-150　添加背景

Step69：完成后，我们来看看最后完整的效果。如图4-151所示。

图4-151　完整效果

以上就是写实图标的绘制过程，我们再来梳理一下整个过程：

首先是"仔细观察"，观察创作对象的特征和结构。

然后是"认真思考"，哪里需要变形，如何变形，如何做到变形后既和谐又保留原来的特征。

接下来是"手绘画稿"，根据自己的想法，手绘草图，把各个部分都画出来，注意透视和光影。

最后是"软件绘制"，在软件里进行绘制。绘制的时候先从扁平化开始，根据手绘稿把各个元素都搭建好，然后再对元素进行光影和质感的塑造。

4.8 ● 节日图标

在某些特定的日子时，很多应用会在启动图标和功能图标上体现出来，在应用上渲染节日的氛围。如图4-152～图4-160所示。

图4-152   部分应用在一些节日时的启动图标设计

图4-153   美团类目栏的圣诞节主题图标设计

图4-154   手机淘宝"618"类目栏的节日图标设计

图4-155   手机淘宝圣诞节类目栏的圣诞节主题图标设计

图4-156　手机淘宝"双11"类目栏的节日图标设计

图4-157　手机淘宝"双12"类目栏的节日图标设计

图4-158　手机淘宝"造物节"类目栏的节日图标设计

图4-159　优酷tab栏世界杯主题图标设计

图4-160　手机淘宝tab栏圣诞节主题图标设计

　　大家会发现一个有趣的现象，手机淘宝的图标是最会渲染节日氛围的，一旦有什么节日，手机淘宝都会跟着做相应的图标设计。其实，节日性的图标设计也会给人耳目一新的感觉，时不时地跟着节日走一波，会让用户觉得这个应用很走心，经常会有"小惊喜"，一旦用户习惯了这样的图标更新，就会产生期待心理，从而提升用户体验，增加用户的黏合度。

4.9 ● 关于创作

原创图标是一个非常吸引UI设计师的话题，但创作原创图标又不是那么容易。很多设计师在接到任务后马上去设计网站或者自己的素材库里找灵感，然后在他人作品的基础上稍微改动或者直接拿免费的图标来使用，这样就导致图标设计毫无新意，和别人做得没什么区别。

那么我们怎样才能原创呢？或者怎样才能提高原创能力呢？笔者认为可以这样做：利用品牌视觉元素；模仿风格（将别人的表现手法运用到自己的图形设计中，可以结合品牌视觉元素）；现实参考（找现实事物作为创作的参考依据，也有将这个方法称之为"抄现实"）。

4.9.1 利用品牌视觉元素

这个方法在之前的"图标设计高级篇"中已经讲过，就是利用品牌的各种视觉元素进行创作，如吉祥物、LOGO特征、VI色、直接引用和提取局部特征等，这里就不重复说明了。

4.9.2 "参考"和"模仿"

"参考"就是从现实事物中吸取创作的灵感（绘画中叫"写生"），参照物和主题有着直接或间接的关联，这个方法能更加直观地体现主题，用具体的图形图像来表示抽象的主题，并作为要表达的信息的载体。

"模仿"指的是模仿别人的表现形式和艺术风格。刚入门的朋友可以多去临摹、研究一些优秀作品，去思考别人的思路和艺术表现形式并灵活用于自己的作品中，这是一个很好提升自己的方式。因为对于很多新人来说，不知道要如何着手一个作品，根本无从下手，所以与其四处求人，还不如先学习吸收别人作品中的优点，在模仿中寻找灵感，学习技巧。

"参考"是为了获得现实参考依据，获得灵感。"模仿"是为了学习技能、思路。如果能把两者结合起来，那么创作的思路就会源源不绝了。

那么该怎么"参考"，怎么"模仿"，两者又怎么结合呢？下面就以一套办公文具的产品类别图标中的"户外用品"为案例来讲解。

首先是找参照物，户外用品有很多，下面以瑞士军刀作为参照对象，如图4-161所示。

图4-161　瑞士军刀

现在"参考"的对象有了，在动手之前先仔细观察这把瑞士军刀可以拆分成哪些最基本的几何形，以便之后利用剪影图标和扁平图标的绘制方式，用简单的几何形概括瑞士军刀的轮廓，但要保留它的特征。通过观察，我们发现军刀是由很多可折叠的工具组成，可以挑选3～4个工具来体现军刀的特征。这样分析之后，我们在用软件绘制时就可以做到心中有数了。

然后在网上找到一组好看的图标，这套图标由黑色和绿色两种颜色的描边组成，其中黑色占的比重较大，绿色比重较小，如图4-162所示。得出这个特征后，我们将参考图标的特征和军刀的造型结合起来，创作出军刀的图标，如图4-163所示。

接着用这样的方法依次画好其他类目的图标：笔筒/笔袋、书写系列、纸张本册、办公文具、户外用品、体育用品、办公数码、家居用品。如图4-164所示。

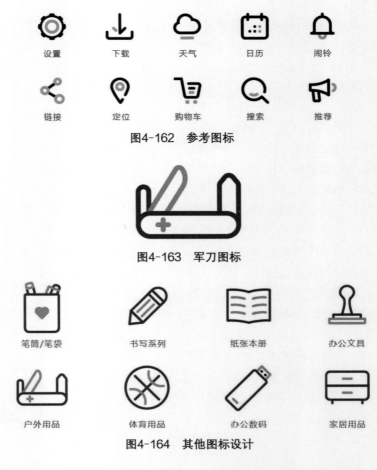

设置　　　下载　　　天气　　　日历　　　闹铃

链接　　　定位　　　购物车　　　搜索　　　推荐

图4-162　参考图标

图4-163　军刀图标

笔筒/笔袋　　　书写系列　　　纸张本册　　　办公文具

户外用品　　　体育用品　　　办公数码　　　家居用品

图4-164　其他图标设计

一套完整的图标在制作的过程中还需要考虑风格的统一性和识别性，风格是否适合图标所处的环境，考虑得尽量多一些。

4.10 • AI导入PS没有虚边

AI也是设计的好帮手，AI和PS可以说是设计制作的左膀右臂（当然还有其他非常棒的软件，只是AI和PS使用得更加频繁，也更适合新手入门），我们可以将AI和PS的形状互相导入或导出，非常方便。

但是从AI中复制后直接粘贴到PS中生成一个形状图形，很多锚点是没有对齐到像素网格的，这样就会导致有虚边，大大降低图标的美观性。那么是否有办法避免这样的情况发生呢？答案当然是肯定的。只需要在AI的首选项中做几个小的改动就可以了。

Step1：在"单位"中"常规"的单位改为"像素"，如图4-165所示。

Step2：在"参考线和网格"选项中将"网格线间隔"设置为2px就可以了，这样一个网格就是1px，就像PS的像素网格。如图4-166所示。

Step3：在菜单栏中单击"视图"，将"对齐网格"和"对齐像素"两个选项勾上。如图4-167所示。

Step4：绘制图标的时候尽量将锚点对齐到网格，好比在PS中把锚点对齐到像素网格。

Step5：绘制图标时，元素的数值用整数，不要出现小数点。

图4-167 勾选"对齐网格"和"对齐像素"

图4-165 设置"单位"

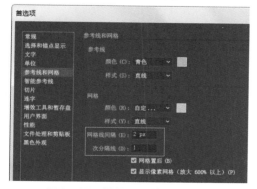

图4-166 设置"网格线间隔"

第5章
UI设计基础

5.1 • 产品思维导图

　　思维导图正如其创始人东尼·博赞所强调的，它可以有效地激发联想，通过一个关键词激发出更多的关键词，然后再衍生出更多的关键词……同时丰富的色彩、形象的图示等也能起到激发思维的作用，如图5-1所示。

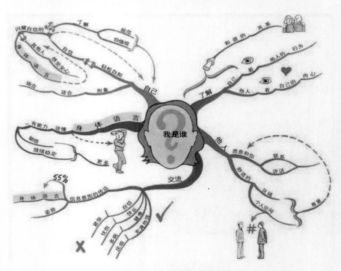

图5-1　思维导图

　　产品开发设计的思维导图也是如此，在做一款产品App的时候，制作团队通常都会来一次"头脑风暴"，对整个产品的框架和功能进行一次又一次地推敲，然后再让产品经理进行思维导图的绘制。在做产品的时候，我们通常会问，做这个产品是为了什么？解决什么人的什么问题？什么时候解决？效果如何？

　　"为了什么"就是产品的定位；

　　"解决什么人的问题"对应的就是目标用户；

　　"什么问题"其实就是用户需求；

"什么时候？"就是团队和项目开发的计划、控制和执行；

"效果如何"在产品正式上线之后，进行不断地测试，发现问题继而解决问题。

在整个产品开发的过程之中，前期"想"的部分是最重要的，越抽象的东西想得比重越大，在后期实现的时候，"做"的部分会是比较重要的，只要把握这些要点，那么到真正设计的时候，你就会发现，其实并不会碰到很多问题。

比如要做一款运动类的手机App，那么用这个App的目的是什么，不同的目的导致不同的方案，是想减肥还是想锻炼肌肉，减肥就需要做高热量的运动，锻炼肌肉就要做器械类的运动，是想瘦手臂还是肚子？是想练胸肌还是腹肌？不同的目的有不同的方案及需要多长的时间锻炼等。我们可以根据以上这些问题，画出一个简单的思维导图，为产品定好一个框架，为后续工作的开展做准备。

常用的制作思维导图的设计软件是XMind，XMind是一款易用、美观、高效的可视化思维导图制作工具。

XMind的操作界面简单方便，对于初学者来说，其难度与Photoshop相比简直是"小巫见大巫"，XMind在企业和教育领域都有很广泛的应用。在企业中它可以用来进行会议管理、项目管理、信息管理、计划和时间管理、企业决策分析等；在教育领域，它通常被用于教师备课、课程规划、"头脑风暴"等。我们通常就是用XMind来做"头脑风暴"和前期的产品框架定位。

另外推荐一个在线设计产品框架图的软件——百度脑图，其功能基本和Xmind相似。

思维导图可以引导产品设计的整体走向，它的主要流程是：

① 确定中心主题。有了明确主题后，方能围绕主题，展开发散性思考。

② 制定大纲。根据主题，先从宏观角度，确定几个大概的方向，用来做一级大纲框架。

③ 给每个大纲做分支标题。针对每一个大纲题目，进行思维发散，开始有条理、有逻辑地思考，再做一次内容细分标题，根据需要，分支标题可继续再分。

④ 填充详细内容。根据分支标题，从微观角度，把较为详细的内容填充到对应的标题中去，完善整张思维导图。

5.2 • 主流设计界面介绍

UI设计常见的iOS尺寸，一般分为图5-2所示几种，iPhone 5/5c/5s的界面尺寸为640px×1136px；iPhone 6/7/8的界面尺寸为750px×1334px；iPhone 6 Puls/7 Puls/8 Puls的界面尺寸为1242px×2208px；在iPhone 6出现之前，苹果手机UI设计的尺寸规范是按640px×1136px来设计的，现在主流的设计界面尺寸以750px×1334px为准（也就是以iPhone 6/7/8屏幕大小作为基础界面），基本不按iPhone 6 Plus的尺寸来设计UI界面。

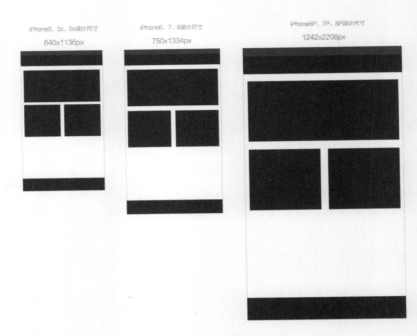

图5-2 常见iOS尺寸

当然最初的设计尺寸还包括iPhone 4/4s的界面尺寸640 px×960px，还有iPhone第一代和iPod Touch的界面尺寸320px×480px，现在，已经基本不考虑以这两个界面的尺寸来做设计了，毕竟用这些设备的人是少之又少的。

5.3 • App页面类型

5.3.1 聚合类

聚合类一般多见于App的首页，用于功能入口的聚合展示。如喜马拉雅和京东首页（见图5-3），它们将很多功能聚合在一起，放到首页，这样用户可以在一打开这个App就能看到需要的功能模块，点击就能进入该功能模块。

聚合类相当于分流的作用，用户打开App，进入首页，再通过首页的各个功能入口进入到其他的界面。

图5-3 喜马拉雅和京东首页

在做聚合类UI界面的时候，要把用户需求和产品功能放在首位，将需求级别高的放在明显和靠前的位置。

5.3.2　列表类

列表类是App最常见的界面类型，目的是为了显示同类别的信息，供用户选择。虽然我们将这类页面统称为列表界面，但是其展示形式是多样的，可以是列表的形式，也可以是网格的形式，还可以是卡片的形式。最核心的诉求就是为了展示更多的信息，让用户更好地选择。如图5-4所示NOTHING和网易蜗牛读书App界面。

图5-4　NOTHING和蜗牛读书App界面

在做列表UI界面时，要根据信息的不同特点来选择合适的展现形式（列表型、网格型、卡片型），或者让用户自行选择浏览方式，像淘宝、京东的商品列表页既有列表的展现形式，也有网格展现形式。同时要将核心信息（也就是用户最关注的内容）放在列表中展示出来（如产品名、产品图片、销量、价格等），这些信息会直接决定用户是否要再次点击进入下级界面。

5.3.3　内容类

打开蜗牛读书App进入列表界面，在列表界面想看一篇文章，点击进入文章详情页，就是所谓的内容页。内容页就是用来展示具体信息的界面，如电商类App

中的商品详情页，读书App中的书籍阅读页，资讯App中的正文页等，这些都属于内容页。如图5-5所示。

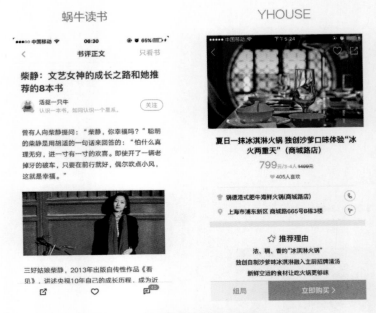

图5-5　蜗牛读书和YHOUSE的App内容页

在做内容UI界面的时候，应提供沉浸式的环境，来提高用户的浏览体验，将影响浏览的信息暂时隐藏。如果涉及工具栏，可以考虑将工具栏放在页面下方而不是上方。

5.3.4　功能类

功能类，即为了完成某个功能而存在的界面，常见的有搜索界面、维修预约信息界面等，如图5-6所示。

在做UI设计的时候，要记住界面是"死的"，设计是"活的"，某个界面可能会包含两种不同的界面类型。例如天猫首页，第一屏是聚合界面，下面则是列表界面，还有YHOUSE搜索界

图5-6　搜索和维修预约界面

面中还包含聚合界面，等等，切记要根据产品的需求来设计UI界面。

5.4 · App包含哪些界面

5.4.1 启动页

启动页的功能
是为了App在等待
调用接口刷新数据
的时候，防止用户
等待时间过长而产
生的焦虑心理。不
管是接口的问题，
还是网络的问题，
大部分的App设计
者希望在这几秒钟
的时间内不让用户
看到这一片空白的
页面。甚至可以把
这几秒钟利用起
来，打广告也好，

支付宝　　　　　　　　　　网易云音乐

图5-7　支付宝和网易云音乐的启动页

宣传品牌也好，展示风格也好，都是为了让使用者有更好的体验，减少等待时的
焦虑，还能体现品牌效应、产品功能或者情怀。如图5-7所示。

App所展示的启动页都是不一样的，根据产品使用人群以及产品自身的定位来
考虑启动页的表现形式，做到不卡顿，过渡自然。其实真正优秀的App是不需要
启动页的，努力优化程序，合理的缓存技术，适当的异步任务调度等，让用户一
打开App就停留在主页面。

5.4.2 引导页

引导页通常是在首次安装App或者App有重大功能性的更改才会出现的告知用
户的界面。首次安装时候出现的引导页是为了让新用户了解这款App到底是什
么？能干什么？怎么用？而更新之后出现的引导页是为了告知用户这个App哪些
地方有了改变，基于此引导页可以分为以下几种表现形式。

（1）功能介绍型

这类引导页采取平铺直叙的方式介绍App具备的功能，让用户整体了解App的
定位。不过这类引导页会有一个问题，就是功能介绍得太多，导致用户记不住。
倘若找到一个最重要的核心功能，展开叙述，可能效果会更好。如图5-8所示。

图5-8 功能介绍型引导页

从零开始学UI设计

思路与技法

（2）过程说明型

这类引导页，通常是在用户使用App时出现。在用户使用过程中弹出引导页会打断用户操作，容易引起用户反感。如果真正需要过程说明型的引导页，当然把它放在启动后的使用中出现会更好一些。如图5-9所示。

（3）故事型

故事型引导页核心在于建立与用户使用情景匹配的场景，让用户能产生一种熟悉的感受，进而对引导的功能点感同身受。

PATH   OFO

图5-9 过程说明型引导页

串联的故事一般而言都是多页的形式。每一页抛出一个需要告知的点，循序渐进地展开。故事可以只围绕一个功能点来叙述，也可以将多个功能点串联起来变成一个故事。让用户把视觉注意力集中到功能每个告知点上。

这种表现形式的主要目的是希望构建用户与产品之间的共鸣。让用户觉得产品与自己是有关系的，需要花费精力来了解一下。如图5-10所示。

百度地图

图5-10　故事型引导页

　　百度地图就很好地把找位置这个功能点做成了一个引导页，它非常成功地讲述了一个关于找周边的故事，以古代到现在，我们找位置的方式在不断发生变化，用这样一个故事去激发用户本身的共鸣点，建立用户和App的联系。

5.4.3　首页

　　首页对于新用户第一次进入App来说其实是非常重要的（打开看到的最初界面就是首页），这是决定用户是否对这个App感兴趣的关键时刻，这个时候需要拿出万分的激情以及真诚来欢迎用户，将最精华的部分展示出来，就好比人们常说的"第一印象"，第一印象俱佳的，那之后的交流和工作都会比较顺畅。

　　那首页应该怎样设计才会留住用户呢？设计的时候需要把握以下几个核心要素。

（1）给用户绝佳的第一印象

　　当用户打开App进入首页后，首先看到的是界面，其次才会是关注的内容。对于这点，在设计整体界面的时候就要对用户感官有最直接的冲击力。在这个阶段，界面具有符合品牌的好的设计感和内容丰富度才会让用户觉得这个产品有趣。如图5-11所示。

（2）展示有用的功能和服务产品

　　吸引用户的关键是能够为用户解决问题，这就是产品的功能和服务。这个阶段，首页的核心功能的展示和好的交互体验是最关键的。应避免次要功能或无用功能展示在首页上。如图5-12所示。

図5-11　懶人周末App　　　　　　　　図5-12　支付宝App

（3）实时更新和推荐内容

对于已经是App的使用用户来说，一打开首页就希望能看到最新的活动、内容和通知，因此内容的实时更新和匹配用户习惯的内容推荐就显得极为重要。如图5-12所示。

5.4.4　登录/注册

如今App最常见的登录方式就是手机号、邮箱和第三方（微博、微信、QQ），而注册方式现在都以手机号为主，邮箱注册虽然也有，但基本已经很少使用这种注册方式。因为手机号注册方便快捷，只要输入手机号，然后等待系统发送一个验证码到你的手机上，并把这个验证码输入，就能注册成功，节省了很多不必要的操作。如图5-13所示。

5.4.5　无数据界面

无数据界面又称为空白状态页，有时候设计师在设计App的时候往往陷入了一

图5-13　登录和注册方式界面

图5-14　无数据界面

种假想的繁忙状态之中，却忘记了初始的空状态，空状态至关重要，空状态决定了用户的第一印象，如图5-14所示。

　　无数据的时候，在App中是一个很重要的场景。很多设计师会忽略无数据时的界面设计，产品人员也会忽略无数据的时候，要怎样引导用户使用产品。如果没有做好无数据时的交互设计，也许会造成产品黏度的降低。

　　怎么样设计好无数据界面，通常我们会采用文字说明搭配图标的方式，文字说明可以用在超过5秒钟的启动界面（Splash Screens）上，也可以用在某个操作按钮的下面，也可以用在某段数据加载的弹出框中。它可以用在你能想到的任何地方，只要是合情合理的设计需求。

　　当然文字说明也有其缺陷，长篇累牍的赘述功能，基本上很少有人能耐心地全部看完，所以在使用文字说明的时候要慎重，不能滥用。

5.4.6　出错界面

　　用户在使用App出现错误时，这个情况一般会有两种情况，一是由于用户的错误操作，二是App自身出错。

　　无论哪种原因，出现错误后，如何处理，对用户体验有着重大影响。如果无视这些错误信息，用户会感到沮丧，甚至可能卸载App。

　　在错误状态下，是利用图标和插图的绝佳机会，因为人们对视觉信息的反应比纯文本更好。因此，你可以做得更好一些，加入独特的插画，匹配你的品牌，让用户觉得这是一款个性化，并具有情感化设计的App。如图5-15所示。

图5-15　出错界面

5.4.7 反馈界面

（1）Toast提示

说到会自动消失的提示，大家一定会想到最常见的Toast提示。Toast多为浮动显示简短的提示信息给用户，它多出现在屏幕中间，会自动消失，以做到尽量不影响用户的输入等操作，主要用于一些帮助和警示。如图5-16所示。

在交互应用中，这种提示样式是最常见的，多为纯文字和带有提示意义图片的提示。能够在快速让用户知道目前状况的同时（如交易成功或失败等），不对用户造成太多的干扰。但是这种提示是比较容易被忽略掉的，所以对于一些比较重要的提示/警示最好不要用。

优点：不打断用户操作。

缺点：容易被忽略。

常用于操作反馈、错误提示、成功提示等。

图5-16　Toast提示

（2）Snackbar 顶部提示

该提示在操作出错或者页面数据获取等场景下会出现，针对整个页面发生的错误进行提示或其他信息提示，显示一段时间后会自动消失，这个形式与之前提到的Toast相类似，但会是更大更明显。

优点：不打断用户操作。

缺点：容易被忽略。

常用于信息流、消息提示和信息获取页面发生错误的提示。比如微博刷新信息时的新消息提示，服务器获取信息失败等。

如图5-17所示，需要用户交互操作才会关闭，或完成选项才会关闭。这种类型对用户操作的影响比较大，要注意不能频繁使用于界面中，只能用于优先级较高，必要性强的提示。

优点：提醒效果佳。

缺点：打断用户操作，占用界面位置。

常用于关键性提示等对用户起到提醒作用。

如图5-18所示，一般这种提示都可以进行下一步操作，这种操作很难说好坏，它们虽然占据了一部分界面空间，但却能友好地存在。不但起到了减少用户操作步骤的作用，还有很好的警示作用等。

如微信的多方登录提示，虽然起到了多方登录的警示作用（如果不是自己登录的可以强制对方下线），但是它需要长时间占据界面的固定位置，所以使用需谨慎。

图5-17　Snackbar 顶部提示（一）

图5-18　Snackbar 顶部提示（二）

又如微信的音频播放提示，让我们可以一边听公众号的音频一边聊天，如果没有这个功能我们可能很难听完一个20分钟的音频，因为你无法保证这20分钟内没有别人发消息给你。

优点：增加了功能项，起到警示作用。

缺点：占用界面的位置。

常用于警示用户、方便用户同时使用多个功能和待操作步骤提示等。

在使用APP的时候有没有被一些信息框弹层打断过操作呢？尤其是在打游戏的时候，大多情况下大家都会觉得很反感。既然我们自己的体验感不好，那么我们在做界面设计的时候，就要慎用会打断用户操作的提示样式。

其实在使用一个产品的时候，它的核心内容以及核心竞争力的体验是在首页上，这个产品到底能为用户解决什么问题，与产品所具有的功能及所提供的服务相关，只有当用户能用该产品切实解决问题并且用起来很方便，他才会一直用。所以，在这个阶段，对首页而言，核心功能的展示和好的交互体验显得尤为重要。

独树一帜的配色，层次分明的信息展示，统一的控件及交互，对初次使用的用户而言，首页界面的设计感关系到用户对该App的第一印象，用户第一眼看到的是界面，其次是内容。所以，在设计首页界面时，应该遵循好的设计感和内容的丰富度，才会给用户留下好的印象。

首页对于用户来说，最大的诉求就是打开首页就能知道最新最好的内容，因此对内容的新鲜度有了很高的要求，让用户对内容满意的同时还能接收到系统为自己定制的推送内容，这就需要及时更新。

如图5-19所示，两个不同类型的App首页，可以很明确地看出来两者之间的区别，左图首页是以视频的分类方式为主（列表类），右图首页是以买卖商品为主（聚合类），两个是根据不同用户需求设计的App，首页的展示方式会明显不一样。

直播平台　　　　　　　　　　电商类

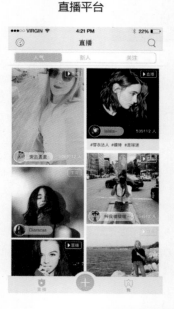

图5-19　两个不同类型的App首页

5.5 • UI界面设计的布局

我们在做UI设计的时候，首先要明白一个界面有哪些部分组成，手机UI界面一般分为四个部分：状态栏；导航栏；主体内容；标签栏。iPhone手机界面组成及设计尺寸如图5-20所示。

图5-20 iPhone手机界面组成及设计尺寸

5.5.1　状态栏

状态栏包含了信号强弱符号和运营商、当前通信方式（3G/4G或Wi-Fi）、时间，还有电量容量等，UI设计中状态栏的高度通常是40px。

5.5.2　导航栏

导航栏包含了标题（让使用者知道当前页叫作什么，干什么用的），有上一层页面就需要左上角放返回图标或文字，右边有需要再放功能性图标。如图5-21所示。

●●●○○ 🛜　　　　　　　　　　1:20 PM　　　　　　　　　　🛜 77%🔋

〈返回 关闭　　　　　　　　　　　**标题**　　　　　　　　　　**•••**

图5-21　导航栏

5.5.3　主体内容

主体内容按实际的需求来做界面。

5.5.4　标签栏

在UI设计中，标签栏是很重要的，标签栏会在使用这个App的时候，起到引导的作用，让用户更快地对这个App有所了解，一般设计标签栏的时候，我们会把标签栏分为几个部分，最适合的是设计4～5个部分，如果超过5个部分，设计的图标和文字都会相应缩小，导致显示效果会很差，影响用户体验。如图5-22所示。

图5-22　标签栏

通常在UI设计中，状态栏和导航栏几乎在同一个App产品界面中同时出现，而标签栏只有在标签分类中的第一个界面才会出现，以网易新闻为例，如图5-23所示。

网易新闻的首页是有标签栏的，假设用户点击了一条具体新闻，那么进入的就是这条新闻的详情界面，那么这个界面就是属于首页某条新闻下面的内容，标签栏就不能在这个界面中显示，而对应的是对这条新闻的具体评论、分享等功能操作。

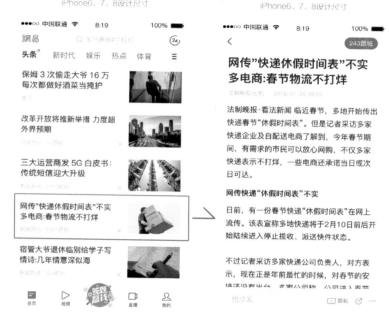

图5-23　网易标签栏设计

因此在放置标签栏的时候，我们要注意不是所有的界面都要放置标签栏，只有属于标签栏中分类内容，才会需要放置标签栏。比如网易新闻的标签栏，包括"首页""视频""直播""我的"，还有"答题赢钱"这个活动分类，那么用户只有在点击了标签栏的"首页""视频""直播""我的"某一个分类的时候，这个界面显示才会有标签栏的存在，而其他界面则没有标签栏。标签栏放置是初学者很容易犯的一个错误。

5.5.5　图标设计的规范

图标是App设计中的点睛之笔，既能辅助文字信息的传达，也能作为信息载体被高度识别。图标也有一定的界面装饰作用，可提高界面整体的美观度。

很多初级设计师都会忽略图标的重要性，养成去网上下载图标的习惯，这样的习惯养成会很可怕，什么元素都希望能找到素材下载，工作数年之后很快就会遇到自己的"瓶颈期"。

（1）下载图标

下载是很多初入行业的设计师习惯的工作方式之一，由于自身在软件技法、设计技巧、创意能力等方面的不足，无法从创意到标准制图完成一个完整的图标设计过程。

（2）设计图标

图标设计风格有：线性图标、填充图标、扁平化图标、手绘风格图标和拟物图标等，如图5-24所示。无论选择哪种表现形式，在进行设计的时候都要保持风格的统一性。由于图标的体量不同，相同尺寸下不同体量的图标视觉平衡不尽相同，如相同尺寸的正方形会比圆形显大。因此，我们需要根据图标的体量对其大小做出相应调整。

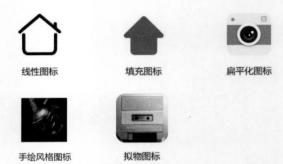

线性图标　　　　填充图标　　　　扁平化图标

手绘风格图标　　　拟物图标

图5-24　图标设计风格

（3）图标设计要有统一性

在应用界面的设计中，功能图标不是单独的个体，通常是由许多不同的图标构成整个系列，它们贯穿于整个产品应用的所有页面并向用户传递信息。

一套App图标应当具有相同的风格，包括造型规则、圆角大小、线框粗细、图形样式和个性细节等元素都应该具有统一的规范，如图5-25所示。

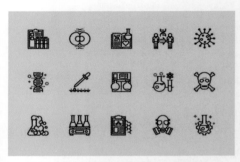

图5-25　具有相同风格的一套图标

（4）养成良好的设计习惯

设计师要养成自己动手创作的习惯，长此以往，你会发现，当运用标准的规范进行图标设计的时候会更得心应手。在标准设计的基础上我们可以发挥自己的创意，不要局限在标准里。

5.6 • UI界面设计的字体

字体是所有界面设计中都需要关注的一个要素，在系统iOS8设计用的字体是常州华文黑体-简，在MACOSX系统中选择黑体-简或者Heiti SC，在系统iOS9以后设计用的字体是苹方（PingFang SC）。

状态栏通常都是电子设备出厂的时候就有的，在设计的时候只需要把高度大小和样式留出来，不需要特意地去重新设计（可采用图片的形式放置）。导航栏的字体可以根据下图中标注的字号大小来采用，标题字号可以选择34px或者38px，返回机制的字号可以选择28px，底部标签栏的字号通常选择28px，如果为了突出图标也可采用24px字号大小（以上字号都是根据iPhone6/7/8的尺寸为例的）。如图5-26所示。

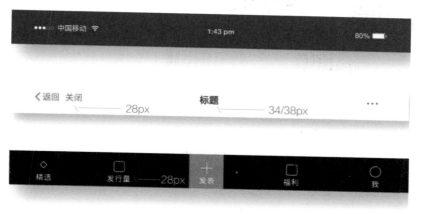

图5-26 导航栏标题字号

图5-27 主体内容字体尺寸示例

如图5-27所示，两个不同类型的App首页，一个是网易新闻，一个是
NOTHING（穿着搭配分享），网易新闻是资讯类的App，NOTHING是推荐穿衣
搭配的App。通过两个App的比较，我们发现标题类的字体大小选择34px，长文本的
字体（如：内容文字）基本选择34px/28px，短文本（标签类、发布者、跟帖或点赞
这类文字）基本选择24px/26px。

> **小贴士:** 所有的字号大小必须是偶数，以上字号都是在UI设计中经常用到的，没有对
> 错之分，合适就好。

5.7 • UI界面设计的间距

在移动端页面的设计中，页面中元素的边距和间距的设计规范是非常重要的，一个页面是否美观、简洁、通透，和边距间距的设计规范紧密相连，所以有必要对它们进行了解。

5.7.1 全局边距

全局边距是指页面内容到屏幕左右两边的距离，整个应用的界面都应该以此来进行规范，以达到页面整体视觉效果的统一。全局边距的设置可以更好地引导用户竖向向下阅读。如图5-28所示为不同全局边距的效果比较。

在实际应用中应该根据不同的产品采用不同的边距，常用的全局边距有32px、30px、24px、20px等，当然除了这些还有更大或者更小的边距，这些参数是最常用的，而且有一个特点就是数值全是偶数。

图5-28　不同全局边距的效果比较

以iOS原生态页面为例，如图5-29所示，"设置"页面和"通用"页面都是使用30px的边距。

以支付宝和微信为例，它们的边距分别是24px和20px。通常左右边距最小为20px，这样的距离可以展示更多的内容，不建议比20px还小，否则就会使界面内容显得过于拥挤，给用户的浏览带来视觉负担。30px是非常舒服的距离，是绝大多数应用的首选边距。如图5-30所示。

还有一种是不留边距，通常被应用在卡片式布局中图片通栏显示，如造作发现栏目（当然造作首页采用了不通栏的卡片式设计）。这种图片通栏显示的设置方式，更容易让用户将注意力集

图5-29　iOS原生态页面边距设计

中到每个图文的内容本身，其视觉流在向下移动时因为没有留白的引导被图片直接割裂，造成在图片上停留更长时间。如图5-31所示。

5.7.2　卡片间距

在移动端页面设计中卡片式布局是非常常见的布局方式，至于卡片和卡片之间的距离设置需要根据界面的风格以及卡片承载信息的多少来界定，通常最小不低于16px，过小的间距会造成用户情绪

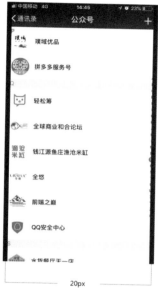

图5-30　支付宝和微信边距设计

紧张，使用最多的间距是20px、24px、30px、40px，当然间距也不宜过大，过大的间距会使界面显得松散，间距的颜色设置可以与分割线一致，也可以更浅一些。

以iOS（750px×1334px）为例，如图5-32所示，设置页面不需要承载太多的信息，因此采用了较大的70px作为卡片间距，有利于减轻用户的阅读负担，而通知中心承载了大量的信息，过大的间距会让浏览变得不连贯和界面视觉松散，因此采用了较小的16px作为卡片的间距。

图5-31　造作App及其发现栏目的图片设置比较　　　图5-32　iOS系统卡片间距

如图5-33所示的两张截图分别是LOFTER（卡片间距30px）和喜马拉雅（卡片间距20px）的首页截图，喜马拉雅App因为需要承载大量的信息，所以一般间距设置得都比较小。LOFTER信息相对比较单一，所以间距设置就会宽松一点。

卡片间距的设置是灵活多变的，一定要根据产品的实际需求去设置。平时大家也可以多截图测量一下各类App的卡片间距都是怎么设置的，

图5-33　LOFTER和喜马拉雅的卡片间距

看得多了便会融会贯通，卡片间距设置自然会更加合理，更加得心应手。

5.7.3　内容间距

一款App除了状态栏、导航栏、标签栏、工具栏和控件（icon），还有内容，内容的布局形式多种多样。

先来介绍一下格式塔原则中的一个重要的原则——邻近性，格式塔邻近性原则认为：单

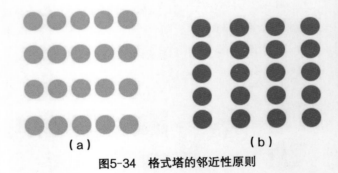

（a）　　　　　　　　　　（b）

图5-34　格式塔的邻近性原则

个元素之间的相对距离会影响我们感知它是否以及如何组织在一起，互相靠近的元素看起来属于一组，而那些距离较远的则自动划分组外，距离近的关系紧密。来看图5-34（a），左边部分的圆在水平方向比垂直方向距离近，那么，我们认为是4排圆点，而图5-34（b）则认为是4列。

在UI设计中内容布局时，一定要重视邻近性原则的运用，比如图5-35所示这款NOTING App的主界面中，每一个分类名称都远离其他图标，与对应的图标距离较近，保持亲密的关系，也让用户在浏览时变得更直观，如果分类名称与上下图标距离相同，就分不出它是属于上面还是下面，从而让用户产生错乱的感觉。

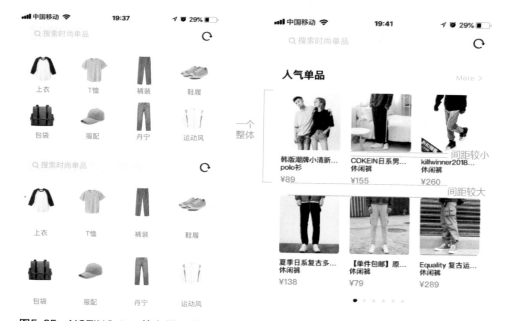

图5-35　NOTING App的主界面产品图标的间距

图5-36　NOTING运用卡片间距进行空间分隔

再来看一个案例，如图5-36所示，在NOTING App中，上面图片与文字较近，下面图片与文字较远，所以我们可以清晰地知道文字是属于上面图片的。

5.8 ● UI界面设计的颜色

5.8.1　通过各类App采集色彩

参考不同类型的App，建立不同类型对App色彩组合的选择，为设计产品搜集素材。根据主色进行分类，如红色系列：网易云音乐、京东、网易严选、网易考拉等。也可以根据产品风格分类，如文艺、时尚、科技、可爱等。如图5-37所示。

5.8.2　通过Dribbble等网站采集色彩

在Dribbble网站上，每一幅作品右侧都有该作品的配色文件，发现优秀的作品大家要养成这种采集配色文件的习惯。如图5-38所示。

5.8.3　通过摄影作品采集色彩

通过优秀的摄影作品采集色彩是常用的方法之一。如图5-39所示。

采集方式：Photoshop打开图片→文件→存储为Web所用格式（快捷键：

图5-37　通过各类App采集色彩

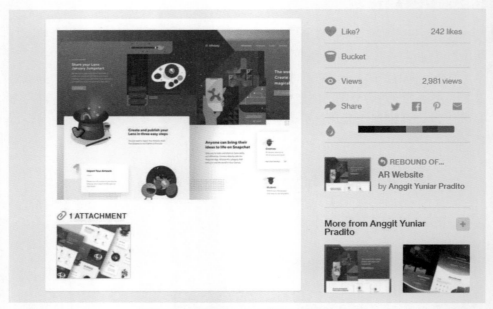

图5-38　通过Dribbble等网站采集色彩

Ctrl+Alt+Shift+S）→选择GIF格式→颜色选择8→颜色表中双击色块→拾色器。

　　高版本Photoshop（如CC 2018）的采集方式：文件→导出→存储为Web所用格式→选择GIF格式→颜色选择8→颜色表中双击色块→拾色器。

图5-39　通过摄影作品采集色彩

5.8.4　从电影中采集色彩

　　相信大家都喜欢看电影，电影中有很多值得大家学习的元素。作为敏感的设计师群体，那些刺激到我们神经元的优秀影片场景总是不能错过的。如图5-40所示。

图5-40　从电影中采集色彩

5.8.5 提高审美，增强个人赏析力

配色能力虽然可以通过一些规范性的方法提高，但是也存在一定的感性判断。配色中细微的差异往往都是感性的判断，设计师需要不断地欣赏摄影、绘画、设计作品等，提高自身的审美，才能不断增强感性的判断力。

5.9 · 从低保真到高保真

所谓的低保真一般指有限的功能和交互原型设计。它们被用于描绘设想、设计方案以及界面布局……建立这些原型的目的主要用于沟通、教学和报告。我们可以把低保真理解为需求文件。

"保真度"是个概念化的术语，广义上来讲，它可以被定义为：重现某种事物的精确程度。换句话说，原型的保真级别回答了这样一个问题，即原型表述的最终方案到底有多精确？低保真原型早已存在了好几个世纪，它成为流行的设计方法，主要源自以下几个原因：

- 设计思考。主张"用双手思考"的方式来建立情感化解决方案。
- 依赖于早期产品验证和最小可行性产品的开发迭代。
- 以用户为中心的设计。要求协同设计的过程中用户提供对于产品原型感受的持续反馈。

综上所述，我们无法说低保真原型是个新事物，因为人们自远古时代以来就开始将想法画在洞穴上了。我们可以说，鉴于我们期望能够尽快地设计出与市场对应的解决方案，低保真原型对于各行业的设计师来说都是前所未有的重要。

不论我们要做的产品是什么，所有的低保真原型都具备以下几个优点：

① 前期检测和修复主要问题。建立低保真原型可以快速接触到用户的反馈，将问题可视化，并解决关于产品的易用性和功能上的核心问题。原型不应该被设计成会影响用户视觉和感知的最终形态（这里原型通常指的是粗略的产品概述），用户通常只是通过他们所看到的提出想法。通过剥离不必要的装饰和设计，我们能够呈现出设计的核心想法和概念。在这个阶段，能否发现问题是产品最终能否成功的关键。

Higel Heaton顾问写了一篇名为《为何快速原型能够解决用户界面的问题？》的论文，发表在1992年软件原型和进化发展IEE座谈会上。他称快速原型应该是可以解决大约80%的界面主要问题。在真正满足用户需求的产品设计过程中，低保真原型在一开始就能为我们提供不少依据。如图5-41所示。

除了帮助我们发现重大问题，低保真原型同样给予了我们解决这些问题的需求与动力。在2012年原型的心理体验研究中，美国的斯坦福大学和西北大学的研究者们发现："低保真原型引领我们重新规划失败，以此作为学习机会，培养进步意识并强化对创新能力的信念。"研究结论表明建立低保真原型不仅影响最后

的产品，也影响着我们在设计过程中的参与程度。

② 低保真原型构建起来容易且成本低。不论个人或小组，只需很少或根本不需要专业技能即可构建低保真原型。只要产品和项目目标是清晰明确的，那么低保真原型的重点将不会放在形式或功能上，而是用户痛点上。接下来我们应该把资源放在哪里？哪些地方是应该避免浪费资源的呢？哪些功能对用户来说才是关键性需求点？这些原始设想本身的方向对吗？我们是否需要转变方向或拓展其他选项？如图5-41所示。

图5-41　途牛低保真原型

最好的低保真原型能够在很少或毫无预算的基础上，在短时间内建立起来。你也许对"快速原型"这个术语更加熟悉，它仅仅是执行"快速地对系统的未来状态取模"。在快速原型的族谱中，低保真原型能够很快完成这一工作。

③ 得出反馈以侧重于产品核心。交互设计师Marc Rettig在他的文章《小手指原型》中针对高保真原型指出其最大的风险在于你将最有可能听到的批评是"关于字体的选择，颜色搭配，和icon尺寸。"在一个精心设计的原型面前，用户可能会感到有必要对这些细节发表意见而忽视他们对于高层次概念的想法，如流程规划、界面布局和交互细节等。

其实高保真原型将重心转向了产品的美观程度而不是验证产品的基本假设及核心价值。而外表粗糙的低保真原型从另一方面来说"强制用户去思考产品的核心价值而不是外表"。

④ 更有迭代的动力和意愿。因为构建低保真原型所付出的努力和资源明显较少，而我们又不太情愿彻底改变原型。仔细想想，让你彻底放弃一些只花了你几分钟的草图容易？还是让你放弃花了无数时间建立得愈加完美的原型容易？用一位设计师的话说，"你很有可能会爱上花了足够时间制作的东西。"

迭代是灵活设计过程中真正的关键。迭代的意思可以把它理解为不断地更新和完善产品的功能，只有靠不断地改进我们的设想才能够创造在目前的市场上取得成功的情感化的解决方案。相对来说低保真原型根本没有浪费太多资源和时间，我们可以在产品做出巨大改变的时候，转向新的商业模式甚至从头开始，因为这对我们来说不会有太大损失。

⑤ 易于携带和展示。一些高保真原型需要特殊设备或环境用于展示，而绝大多数低保真原型能够很容易地携带和展示。Rudd指出："低保真原型易于携带，它们可以在纸上、图表中或在白板上呈现。"

举个例子，携带一张纸能有多难？需要任何特殊条件、空间或高级指令吗？纸质低保真原型将我们从技术和便携性的要求中解放了出来。

研究表明，在几种有趣的方式中，纸张比屏幕更容易激励协同工作。诺丁汉大学、萨里大学和剑桥大学Euro Parc研发中心的研究员们在三种不同的工作环境下进行了纸张和屏幕如何促进协作的研究，这三种环境分别为：建筑工地、医疗中心以及伦敦地铁的控制室。他们的结论是纸张具有更高的灵活性，使得个人能够以各种方式进行互动与协作。

研究人员注意到，除其他事项外，通过手写（即绘画、写作或描绘低保真原型草图），相关人员能够迅速做笔记，同时能够保持项目参与度。在协同设计和与用户沟通并获得反馈时，这种灵活性是尤其重要的。纸张天然地具有多种功能（它可以被折叠、裁切和书写），也能使合作更加容易。考虑到这些优点，当你决定向用户展示低保真原型时，打印出你的截图或线框图将会显著提升你的收获。

那什么是高保真原型呢？原型的保真度分为"低、中、高"三个程度：

（1）低保真原型

只关注功能、结构、流程，原型图上只提供最简单的框架和元素；好处是省时、高效，但相对需要比较高的沟通成本。如图5-42所示。

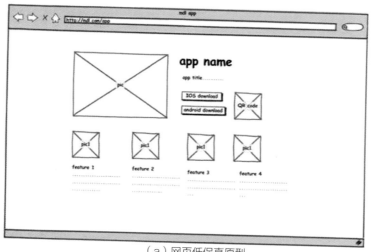

（a）网页低保真原型

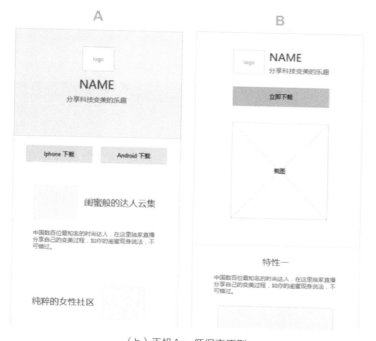

（b）手机App低保真原型

图5-42　低保真原型

（2）中保真原型

在低保真原型的基础上，提供更多的功能细节和交互细节。如图5-43所示。

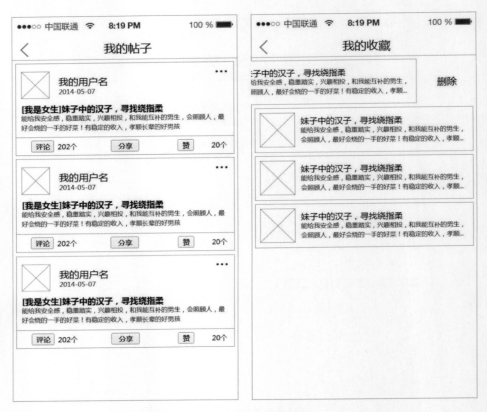

图5-43　中保真原型

（3）高保真原型

提供更多的视觉细节，几乎可以等同于UI效果图，只需要在开发过程中替换实际数据和素材。高保真原型可以真实地模拟产品最终的视觉效果、交互效果和用户体验感受。高保真原型也是最小可行性产品，即MVP产品。如图5-44所示。高保真原型具有以下几方面的特点，如图5-45所示。

① 高保真原型不是一个人可以完成的，高保真原型需要交互、视觉、产品的配合；

② 高保真原型不是必需的，但有它更好，在合适的时间和场景下制作高保真原型；

③ 高保真原型是一个最小化的MVP产品，它可以帮助你快速验证市场；

④ 高保真原型的阅读人群更加广泛，它不仅可以被视觉、开发、产品阅读，还可以被市场、运营、老板和种子用户阅读。

图5-44 高保真原型

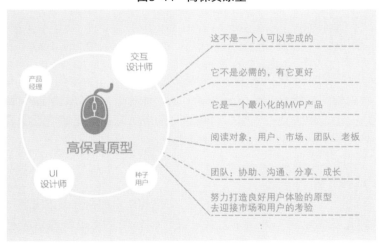

图5-45 高保真原型的特点

俗话说"一千个人眼中有一千个哈姆雷特",每个人对需求的理解都截然不同。如何让不同的人对于需求有一个统一的认识,高保真原型无疑是一个很好的选择。

① 它能清楚地告诉你的团队成员,要做的产品是什么样子的。

② 它能清晰地体现产品的用户体验,准确体现前端的大部分交互效果。

③ 它能让你的团队成员(市场、运营等)都能更好地理解需求。

④ 它还能让目标用户直接参与测试,告诉你他们的真实需求。

对于公司：

① 保证产品质量。低成本、高质量的高保真原型为真正产品提供了保障。

② 工作量具体化。设计、开发、测试等环节评估工作量变得有据可依。

③ 节约时间成本。大多会影响产品的隐患都会在产品原型的时候被发现，在开发阶段之前被解决。

④ 快速检验产品设计。用高保真原型去验证产品的市场，获取最早期的市场信息，它是真实产品的试金石。

⑤ 加深各个团队对产品需求和具体工作的理解。

对于投资人：

清楚地向投资者或商业伙伴展示你的产品。发一个PPT或E-mail过去，远远不如一个高保真原型来得有效。

对于管理层：

向管理层清楚地表明你要做的产品长什么样子。直接拿出原型给管理层演示，直观有效地让领导评估是否可行，管理层也能更加准确地评估你所需要的资源。这比PPT讲解、Word说明、邮件交流更加直观、易懂，领导很快就能知道你要做的东西，并评估你的想法是否可行。

5.10 • UI界面的逻辑关系

（1）设计是门逻辑学

做UI设计，我们需要在很多甲方发声的复杂条件下，判断情势、权衡利弊、揣测人心、随机应变，给出多种解决办法。做设计时很大部分的时间和脑力都是在许多"噪声"中迂回寻找一个答案，用思辨的逻辑，而不是凭空想象或东搬西凑。然后在强大的逻辑支撑下，妙笔生花即可。

设计是实现他人的需求，艺术是自我展现的需求。

（2）设计vs艺术

在做交互设计的时候，经常听到一句话："站在用户的角度考虑考虑"。这个"用户"的定义其实是在不断地丰富的：设计的东西给谁用？谁想主意？谁执行？谁拿主意？谁买单……

是的，你的设计都是为了服务这些"用户"。设计师要做到无我，超脱自己，摒弃个人喜好和习惯，做出公正客观的设计，最大化地满足所有"用户"的需求，如图5-46所示。并且时刻记着，这些需求随时会变，所以面对不断更迭的设计稿，不要太敏感、脆弱。设计只有更好，没有最好。

既然有这么多的"用户"，这么多的需求，自然就形成了各种各

图5-46 用户的想法与设计师应对

样的规则。设计是在各种条条框框里找到最优的处理过程。用户的年龄、性别、习惯、兴趣、教育、文化、地域、信仰等的分布，决定了第一个问题：用户是谁。

他们面临的问题和需求是我们的核心框架，解决他们的什么问题？满足他们的什么需求？从而带来什么价值？团队和资源的需求又画上了项目时间表和项目成员的框架。东西做多大？全套系统还是小功能翻新？改流程还是做视觉/文字游戏？是确定项目范围的框架。

东西是否做得出来，是否可行？有多少钱是预算？公司的形象认知度等。而这些都是在一张白纸上画出框架，接着就在最后规划出来的小空间里做设计。

优秀的设计师有着清晰的逻辑性，思考全面，论证充分；对其他部门的运作有充分理解，有对用户的忠贞理想，也有对企业的利益责任；思维的整体性很强，有"上帝视角"的感觉。

他们提的问题总是直中要害，语言温婉得体又针针见血。他们总能一眼看穿问题的本质，而不是浅显地被视觉上的细枝末节迷惑。设计的不是产品，是体验，用户在他们脑海中规划的世界里一步步按照既定的步骤来走，尽在掌握之中。

他们很多的时间在思考问题和价值，跟人交谈深入了解需求，作信息架构，画User Story，铺一墙的便利贴。等一切明朗后画起界面流程如行云流水。当然也免不了反复完善，但他们深知这是必走的过程。

用户体验，英文为user experience，简称UX，业界有很多不同的定义。有的把UX design划分为visual design（视觉设计）和interaction design（交互设计）；有的按UI和UX划分，UI是画界面，UX是画界面之外的流程/功能规划；有的UX概念除了视觉和交互，还包括了motion design（动效设计）、user research（用户研究）、content strategy（文案）、production design（产品设计）。一千个UX设计师简直有一千种解释UX的方式。

用户体验是各种感知在时间上的集合，看到的、说出的、摸到的、感觉到的、听到的、想到的。以互联网行业为例，眼睛看的是界面的样子，摸的是输入设备，说的是用户对产品的评价，听的是别人的评价和推荐，想的是对功能的理解和操作选择，心里感受的是使用产品的愉悦、上瘾、困惑或恼怒。

不敢说用户体验设计师能得心应手所有的这些体验，只是在做一个设计的时候最开始会考虑这些方面。不仅体验有方方面面，用户也有多面性。以某公司为例，做Marketplace就有市场的两面，房东和房客。滋生了第三方的产业链，于是他们也是我们的用户。客服人员也需要很复杂的一套体系，内部员工平时的日常也需要一些效率/人力/文化传承的工具。

设计师当在为某一类用户设计的时候，有时候也要抽离一下看看全局，或许会获得不一样的灵感。一些对设计不了解的人，包括每日相处的非设计师同事，都可能觉得我们总是在画UI，其实那都是在激烈地"条框大战"和"舌战群雄"之后的空隙，全套界面设计出来之后还要反复测试和修改，界面只是冰山一角。

但人还是视觉动物，有了金玉其中，也不好败絮其外吧？毕竟在互联网，眼睛看到的直接关系到对这个虚拟世界的感官。

不求惊艳，至少要得体。有多少人是因为App Store的截屏美观尝试新App的？虽然下载了发现不太实用，不多久就删了，但如果看上去不美观，是不会下载。之前说的一切是为了让产品伴人长久，而视觉的包装是为了"让你在人群中多看我一眼"。

5.11 ● UI切图规则

切图和标注是一个UI设计师的基本要求。下面介绍切图的三大"神器"。

5.11.1 马克鳗

可以很好地标注、测量设计稿，如图5-47所示。

图5-47 马克鳗切图软件

5.11.2 Parker

Parker是收费的PS插件（至少版本要Photoshop CC 2014）。

5.11.3 CUTTERMAN——免费的PS切图插件

CUTTERMAN是一个PS的插件，适用于Windows系统和苹果系统，一键切图。CUTTERMAN能够让你只需要单击一个按钮，就自动输出你需要的各种各样的图片。

而且CUTTERMAN有PS插件和Sketch插件，用Sketch的同学一样可以用它来切图。最关键的是：它是免费的！如图5-48所示。

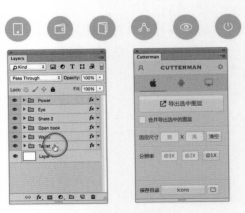

图5-48 CUTTERMAN

（1）支持iOS平台

输出支持iOS平台的单倍图、双倍图及三倍图，支持iPhone尺寸比例。如图5-49所示。

（2）支持Android平台

输出支持Android平台的各种分辨率大小的图片，包括XXHDPI、XHDPI、HDPI等，都可以自动输出，为你节省出更多的时间。如图5-50所示。

（3）支持各种图片格式输出

包括PNG、JPG、GIF等格式都可以输出，还可以自己缩放、压缩大小。从此，就告别了"存储为Web所用格式"的功能。如图5-51所示。

（4）固定尺寸输出

想要输出固定尺寸的icon，多种形式让你选择。如图5-52所示。

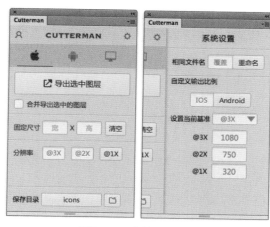

图5-49 支持iOS平台

图5-50 支持Android平台

图5-51 支持各种图
片格式输出

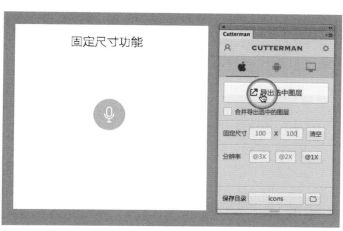

图5-52 固定尺寸输出

（5）选区切图输出

想输出多大图片就可以输出多大的图片。如图5-53所示。

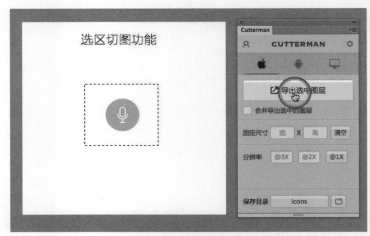

图5-53　选区切图输出

5.11.4　Design Mirror——最好用的设计稿手机预览工具

Design Mirror可以实时预览你做的界面在手机端上的效果。如图5-54所示。

Design Mirror具有非常强大特性。

（1）跨平台支持

支持Mac/Windows操作系统，并支持Photoshop/Sketch两个强大工具。

（2）随心缩放

原始尺寸、适配屏幕等多种预览模式，随心缩放。

（3）多设备同时预览

想看设计在不同设备下呈现的效果吗？支持更多的手机同时连接，同时预览，同时刷新。

（4）文档随意切换

打开了多个文档，多个画板，在App中可以滑动切换，选择切换。预览时机可以放下鼠标。

（5）保存设计

想要将设计保存到手机上，只要一个截屏按钮即可，还支持长图截取。从此告别QQ传图时代。

图5-54　Design Mirror

（6）手机传送

手机上的图片素材，一键即可传送到Photoshop/Sketch上，再多的想法和资源都如此方便。

5.11.5　命名规则

切图的名称是用英文来命名的，所以大家一定要牢记一些常用的英文及缩写。这些英文单词大部分都是很直白的，可以直接理解。

命名也有自己的规范，可能各个公司的命名规则不同，但是这里有一个通用的规则，那就是"模块_类别_功能_状态.png"，如"tab_icon_home_default.png"，翻译成中文就是"tab栏_图标_首页_默认.png"，其他都可以按照这个规则来命名。

在切图前最好先和程序员沟通一下，看看他是怎么命名的，大家先进行友好沟通，避免不必要的麻烦。

（1）启动界面

启动图片 default.png

启动LOGO default_logo.png

如：default.png\default@2x.png\default-568@2x.png

（2）登录界面（login）

登录背景 login_bg.png

输入框input login_input.png

输入框选中状态 login_input_pre.png

登录按钮 login_btn.png

登录按钮选中状态 login_btn_pre.png

（3）导航栏按钮（nav）命名

nav_功能描述.png

如：nav_menu.png\nav_menu_pre.png（同按钮选中前后两种状态命名）

（4）按钮命名（btn可重复使用按钮）

一般 normal btn_xxx_normal.png

点击 highlight btn_xxx_highlight.png

不能点击 disabled btn_xxx_disable.png

按下 pressed btn_xxx_pressed.png

选中 selected btn_xxx_selected.png（作为复数选择出现机会不高）

btn_功能属性或色彩均可.png

如：btn_blue.png\btn_blue.9.png（蓝色按钮）

（5）其他命名

图标 icon_xxx.png

图片 pic_xxx.png或是img_xxx.png

照片 pho_xxx.png

（6）左侧导航命名

leftbar_功能描述.png

个人中心

如：leftbar_info.png\leftbar_info_pre.png

（7）底部选项卡按钮tab bar命名

tab_功能描述.png

如：设置tab_set.png\nav_set_pre.png

（8）主页命名

命名 home_功能属性＋描述.png

如：home_menu_recommended.png

（描述可用英文或拼间开头字母组合等）

（9）列表页命名规则

命名 list_功能属性＋描述.png

如：list_menu_collect.png 列表页收藏按钮

（10）UI文件命名规范常用词

常用状态 正常 normal	导航栏 nav bar
按下 pressed	标签栏 tab bar
选中 selected	工具栏 tool bar
禁用 disabled	切换开关 switch
已访问 visited	滑动器 slider
悬停 hover	单选框 radio
控件：较独立的可操作界面元素	复选框 check box
部件：描述属于某控件一部分	背景 bg
按钮（可点）btn	蒙版、遮罩 mask
图标 icon（不可点、非点击主体、图案部件）	收藏 collect
	评论 comment
标记 sign	广告 ad
列表 list	时间 time
菜单 menu	音频 audio
视图 view	视频 video
面板 panel	不喜欢 dislike
薄板 sheet	用户 user
底部弹出菜单栏 bar	首页 home
状态栏 status bar	排名 ranked

搜索 search

标志 logo

进度条 progress bar

默认图片 def_

分隔图片 seg_

选择 sel_

关闭 close

返回 back

编辑 edit

内容 content

左 中 右 left center right

提示信息 msg

个人资料 profile

弹出 pop

删除 delete

下载 download

登录 login

注册 register

标题 title

注释 note

链接 link

图片 image（img）

刷新 refresh

（11）常用补充描述

顶部 top

中间 middle

底部 bottom

第一 first

第二 second

最后 last

页头 header

页脚 footer

在文件名中需要区分是几倍图，如:login.png、login@2x.png、login@3x.png。

5.11.6 Android切图

（1）标注规范

画布大小：以720×1280分辨率为准进行标注。

字体：按照像素标注，只使用24pt，28pt，36pt和44pt的字体，并pt值除以2作为SP数值交给安卓程序员。

颜色：按照实际的颜色值标注，Android颜色值取值为十六进制的值，比如深灰色的值，给工程师的值就是#333333。

间距：每个主要的控件必须标注出来，各种边距必须标注清楚。所有尺寸的px值除以2作为DP数值交给安卓程序员。

（2）切图

统一采用PNG格式，部分需要做适配的图片需要制作点九图。现在手机中都有自动横屏的功能，同一个界面会随着手机（或平板电脑）中的方向传感器的参数不同而改变显示的方向，在界面改变方向后，界面上的图形会因为长宽的变化而产生拉伸，造成图形的失真变形。在Android平台下使用点九PNG技术，可以将图片横向和纵向同时进行拉伸，以实现在多分辨率下的完美显示效果。

图片优化：图片压缩优化（保证图片的文件大小不会超过1 M），icon可采用PNG8 格式，支持完全透明和完全不透明两种效果和256 色，需要高清的可采用PND24 格式（有透明背景的才需要切PNG格式，其他图片都可以用JPG格式）。

切图命名：每个页面按照设计高保真分目录：hdpi（480×800）、xhdpi（720×1080）、xxhdpi（1080×1920）。

以图片性质命名，例如ab_xxx.png、page_xxx.png、icon_xxx.png、tab_xxx.png等。

5.11.7 iOS切图

（1）标注规范

画布大小：以@2x图、640/750宽度尺寸为基准标注。

字体：按照640/750宽度尺寸中的像素进行标注。

颜色：按照实际的颜色值标注，iOS颜色值取RGB各颜色的值，比如某个色值，给予iOS程序员的色值为R:12，G:34，B:56，给出的值就是12,34,56（有时也要根据程序员的习惯，会用十六进制）。

间距：每个主要的控件必须标注出来，各种边距必须标注清楚。

（2）切图

统一采用PNG格式，以640/750宽度尺寸，分辨率为@2x输出三套尺寸：@1x、@2x、@3x，如图5-55所示。

图片优化：图片压缩优化，icon基本采用PNG24 格式（包括图片都以PNG为存储格式，因为苹果公司对PNG图片做过优化）。

ellipse ellipse@2x ellipse@3x

图5-55　输出三套尺寸

切图命名：在文件名中需要区分是几倍图，例如:xxx@2x.png。

5.12 信息架构

信息架构即信息的组织结构。它的任务就是在信息与用户之间建立一个通道，使用户能够获取到其想要的信息。

一个有效的信息架构方式，会根据用户在完成任务时的实际需求来引导用户一步一步地获得他们需要的信息。

比如我们去饭店点菜、去商场买衣服，要完成这类日常生活中最常见的任务，用户最希望的就是过程简短、不用过多地去思考。所以根据用户的实际需求，这类任务就要采取比较顺畅的架构方式。

相反，如果在PC上玩一个大型的网络游戏，为了满足用户在游戏过程中的一些情感体验，就要把游戏设计得有些难度。所以这时就要采取带有障碍的架构方式。如果网络游戏也采用顺畅的架构方式，那么游戏就变得毫无挑战，也就失去了它的乐趣。

通过分析我们可以看出来，采用哪种架构方式是根据用户完成某个任务或行为时的实际需求来决定的。

根据以上所讲的信息与用户之间的关系，我们可以把信息架构分为四种类型：浅而广、浅而窄、深而广、深而窄，如图5-56所示。

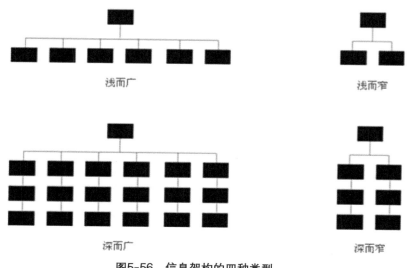

图5-56　信息架构的四种类型

浅而广和浅而窄的类型，都属于较为顺畅的架构方式，在这种方式下用户不需要去过多思考，可以较直接地获取到信息。深而广和深而窄的类型，属于带有障碍的架构方式，它的特点是用户获取信息有一定的难度，要经过一定的步骤和流程才能获取到信息。

手机上应采用哪种信息架构方式呢？

手机这种小屏幕设备的特点是：

首先，人们大都在空闲的时间使用它，每多跳转一个界面就可能失去一部分用户；其次，它的屏幕较小，限制了功能展现的复杂性；最后，不得不考虑它的电池供电时间的限制等。

根据它的这些特点我们不难发现，在手机上做应用一定要是功能简单、操作简便、轻量级的、占用的时间要短等。操作复杂、流程烦琐、挑战性高的深层次架构方式的设计并不适合在手机上进行。所以结合手机的特点，考虑到用户的实际操作，手机上的设计就要采用尽量浅显的、顺畅的信息架构方式。

那么怎样在小屏幕设备上实现浅显的信息架构方式？在设计中又要注意哪些问题呢？下面根据笔者在设计中遇到的问题，谈谈怎样减少信息架构的深度。

5.12.1　减少目录级数

重新考虑软件功能的布局，梳理各功能间的关系，通过适当地增加同一层的目录数，减少目录的级数来减少用户点击的次数，这是减少信息深度的最直接方式。但此种方式应避免的问题是，不要为了减少用户操作而一味地将所有信息平铺（图5-57）。

如图5-58所示，与其在一堆毫无规律的功能中寻找一个功能，还不如从分类清晰的目录中寻找来得容易。

图5-57　信息平铺　　　　　　图5-58　分类清晰的目录

5.12.2　功能的排布要有逻辑，分类要清晰，命名要准确、易懂

软件各功能间的关系要有逻辑性，同类型的功能要归好类，并且分类及功能的命名要准确、易懂，不要使用过于专业的术语。避免把B类功能放在A类中。如图5-59所示。

图5-59　功能排布的正确逻辑

5.12.3　减少操作次数、减少界面跳转层级

因为每多跳转一个界面就可能流失部分用户，所以在设计中应该尽量减少用户操作的次数。我们可以采用tab或手风琴等架构方式来减少界面跳转的层级。

（1）tab的架构方式

可以将并列的信息通过横向或竖向tab来表现。与传统的一级一级的架构方式对比，此种架构方式可以减少用户的点击次数，提高效率。如图5-60传统的架构方式，从A1到B1界面，要经过A—O—B—B1，一共要跳转四次，经过五个界面。采用tab架构方式的图5-61，从A1到B1界面，只经过A—B—B1，一共跳转三次，经过四个界面，比图5-60少点击一次。

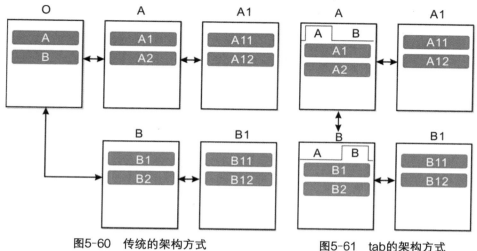

图5-60　传统的架构方式　　　　　　　图5-61　tab的架构方式

（2）手风琴式的架构方式

如图5-62所示的手风琴式的架构方式，它其实与功能平铺类似，都是在一个界面上把功能展现。但不同的是，它有很清晰的分类，各个不同的功能放在不同的分类中，每个分类可以自由伸缩，大大节省了空间。这样用户在一个界面上就可以了解整个功能的布局和每个分类中的详细子功能项。对比前面的架构方式，此种方式从A1到B1只需经过A&B—B1跳转两次，经过三个界面。

此种方式需要注意的问题是：

首先，每个分类项目条的展开和收起状态在视觉上要有明显的区分，这样可以方便用户检索；其次，为避免页面过长，

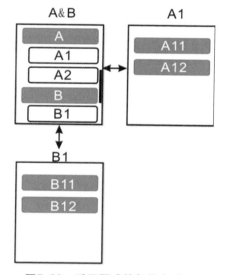

图5-62　手风琴式的架构方式

增加用户的浏览负担，不要把所有的分类都设为默认展开状态。可以把用户最常用的分类设为默认展开的状态。

5.12.4　操作要顺畅，界面跳转符合用户心理预期

（1）随时随地返回

因为手机屏幕较小，显示空间有限，相比同一款软件在PC上信息层次而言，小屏幕设备的信息层次就会变得更加深。所以用户在多个界面之间跳转的时候，就要保证其操作通道的通畅性，要能快速地找到出口，随时可以返回上层操作。

这样会增加用户的安全感。

（2）从哪来回哪去

小屏幕设备的信息架构较深，界面较多。为了避免用户在多个界面之间跳转时迷路，当用户进行返回操作时，所返回的界面一定是他刚刚操作的上一层界面。比如用户从O界面进入到A界面，又从A界面进入到A1界面，此时从A1界面返回时一定是返回到A界面，而不是O界面。如图5-63所示。

O
A
B
A
A1
A2
A1
A11
A12
返回
返回
O
A
B
A
A1
A2
A1
A11
A12
返回

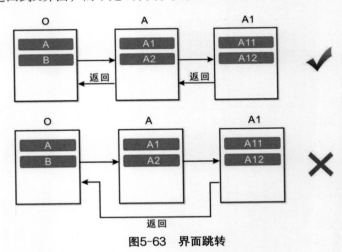

图5-63　界面跳转

5.13 • 视觉层次

举个例子，图5-64中左侧图未使用视觉层次的区分，右侧图用了视觉层次的区分。在左侧图中，因为每个选项的视觉效果都是相同的，无法通过视觉区分不同，但在右侧图中，我们通过改变文字大小、颜色、粗细与其他元素做视觉区分。

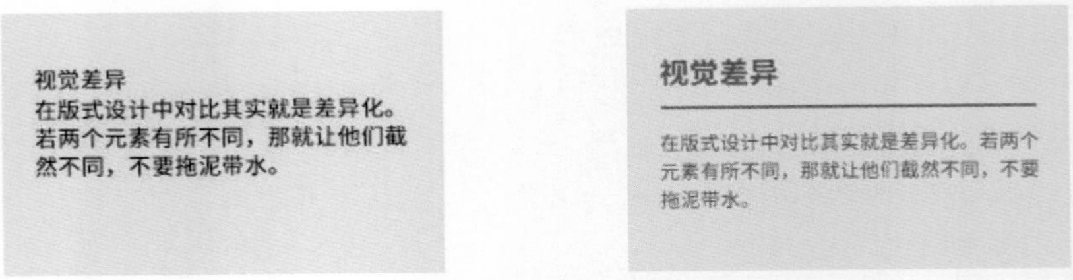

视觉差异
在版式设计中对比其实就是差异化。
若两个元素有所不同，那就让他们截然不同，不要拖泥带水。
视觉差异
在版式设计中对比其实就是差异化。若两个元素有所不同，那就让他们截然不同，不要拖泥带水。

图5-64　视觉层次比较

（1）间距

人眼对距离近的信息更容易先去关注。舒适、平和的行距可以帮助文字刺激读者去研究，并激发他去思考。如图5-65所示，我们会首先关注上面的两个内容，而不是下面的内容。

距离近

距离远

图5-65　间距对视觉的影响

（2）内容形式

这里指的是适当地带有变化的内容展示。

举一个例子，我们现在总能看到"碎片化"这个概念，用户的时间越来越碎片化，内容也越来越碎片化、个性化。用户缺乏耐心去看完一整篇长文，而适当的插图、加大段落的间隔，从页面上都调整了整个页面的节奏感，避免大段的文字而造成用户的视觉疲劳和心理烦躁，人的视觉首先会被图所吸引，其次才是文字。

如图5-66所示，左边的视觉内容是有变化的，右边则是没有变化的，容易引起阅读疲劳。

（3）色彩

如果饱和度、明度这些存在明显差异对比，就会形成一个明显的层级，让人的视觉会不自觉地先关注色彩鲜艳或者色彩偏重的事物。如图5-67所示。

（4）用户浏览习惯

如图5-68所示，用户在浏览新闻和博客等内容量较大的App页面时候，会采用F形模式来快速浏览定位自己感兴趣的内容。用户会先从左到右扫视，然后视线向下移动，再从左到右浏览，整个视线的轨迹类似于字母F，而在扫视的过程中，用

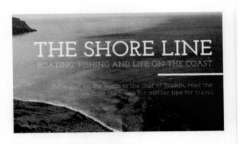

你的标题是你的读者会注意到的第一件事，所以要确保它脱颖而出。这可以通过确保它在尺寸上占主导地位，以及使用抢眼的字体来实现。副标题应该以相对较小的文字支持标题。

颜色不仅唤起感情，而且在重要和不重要之间创造了一个区别。

将明亮、大胆的颜色应用于重要的特征将突出并吸引眼球，使其成为你设计中的重点组成部分。

在这个例子中，一个颜色选择器工具已经被用来匹配单词"阳光"的文本颜色，并与背景图像中充满活力的黄色花的颜色一致。注意这是如何跳出页面并使其成为设计的主要特征。

你的标题是你的读者会注意到的第一件事，所以要确保它脱颖而出。这可以通过确保它在尺寸上占主导地位，以及使用抢眼的字体来实现。副标题应该以相对较小的文字支持标题。

颜色不仅唤起感情，而且在重要和不重要之间创造了一个区别。

将明亮、大胆的颜色应用于重要的特征将突出并吸引眼球，使其成为你设计中的重点组成部分。

在这个例子中，一个颜色选择器工具已经被用来匹配单词"阳光"的文本颜色，并与背景图像中充满活力的黄色花的颜色一致。注意这是如何跳出页面并使其成为设计的主要特征。

维持在一个色相可以更好的帮助设计进行视觉上的衔接。比如 Keith Johnson 的传单和网页横幅特征就不是创建视觉重点，而是用了相近的颜色来统一设计。

适当地使用这些特性（使之与你项目中的内容相匹配），并有策略地提升你的设计。虽然排版层次将整合你的设计，使之便于浏览，文体的选择则有助于提升设计的整体气质，并创建一个自然的强调方式。

图5-66 内容形式对视觉的影响

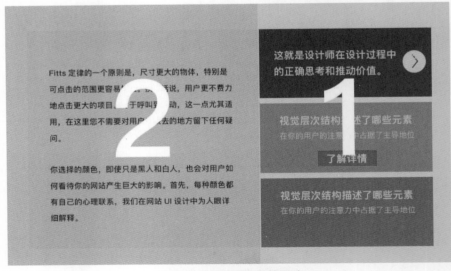

图5-67 色彩对视觉的影响

图5-68　用户浏览习惯

户会找到自己感兴趣的内容或者关键词。

　　还有一种就是Z形浏览模式，主要发生在不那么复杂的页面中，其中的内容不会包含太多的文本内容，用户会快速地从左到右，从上到下浏览，整个视觉轨迹类似字母Z。

　　这两种浏览模式方式在网页设计中也比较常见。

5.14 ● 用户研究

　　大家应该经常会听到UED（用户体验设计）和UCD（以用户为中心的设计），由此可见互联网行业是很重视用户体验的，而好的用户体验绝不仅仅是要样子好看。有些设计师只关注视觉效果，认为产品战略等用户体验维度和自己的设计无关，这样就会和产品经理等角色处于不同的角度。

　　"他们为什么要我这么改？""为什么这里文字要浅一点？"有时不理解对方的思考角度往往就会造成争执。用户体验（User Experience）是用户使用产品的心理和感受，用户体验体现了产品设计以人为本的设计精神。

　　其实早在互联网出现之前就有"顾客就是上帝"的说法，并且西方很多大公司（如施乐、联合利华等）早在互联网行业出现之前就已经开始进行用户体验研究了，可见用户体验对所有产品是多么重要。

图5-69　影响用户体验的因素

　　但是让人摸不着头脑的是，用户体验有时非常地主观：因为用户体验背后影响用户的因素有人的喜好、情感、印象、心理反应等，如图5-69所示。例如，有些人明明有摩拜却要走很远找ofo；也有人只吃肯德基而不吃麦当劳。这些选择并不是优胜劣汰，而是有背后原因的。要想让我们的产品被人喜欢，我们需要研究用户。

5.14.1　用户画像

　　根据产品的调性和用户群体，用户研究团队可以设计出一个用户的模型，这种研究的方式被称为用户画像。用户画像是由带有特征的标签组成的，通过这个标签我们可以更好地理解谁在使用我们的产品。

　　用户画像建立后，每个功能可以完成自己的用户故事：用户在什么场景下需要这个功能。这样，我们所设计的功能就会更接近用户实际的需要。比如要做一个高端服装的购物应用，那么我们可以做用户画像：小丽，在一家大型企业上班，28岁，收入4000元，喜欢网上购物。如图5-70所示。

　　用我们的产品是为了寻找正品的时尚大牌服装进行网购。"小丽"虽然喜欢大品牌但又不想花太多钱来买。（需求：用我们产品是否可以解决这个痛点？）小丽是时尚的白领女性，审美很高，不喜欢俗气的设计（提示：界面设计是否使用高端的黑白灰而不是小清新的风格？）。

　　虽然"小丽"并不真实存在，但她指引了我们的产品设计。接下来，我们还可以给"小丽"增加一个头像，在做设计时我们假设这个人就是真实存在的用户，她会对我们的设计有什么看法。当我们完成用户画像之后，还可以接着设计用户故事："小丽"经常需要在工作场合穿符合工作气质的衣服，也需要在约会时有晚礼服之类的服装，可是"小丽"的收入有限，虽然她眼光较高，但是对价格过高的服装无法承担，她使用我们的App就是为了寻找正品且价格适中的服装。

小丽
28岁　女
大型企业上班

特征
追求大品牌服饰，精打细算，眼光极高

用户习惯
喜欢逛淘宝、唯品会等电商平台。喜欢穿大品牌服饰，目前市面上的App无法满足她的购物需求

　　那么，"小丽"在哪里用我们的App呢？这就需要继续设计一个用户使用场景：她可能会在开会时打开浏览、在地铁里也会浏览、在睡觉前也会浏览。这些时间都是所谓的碎片时间，而且都是在考虑穿什么衣服时。（那么，我们是否需要设计一键推荐适合"小丽"品味及需求的服装？我们是否要设计蓝光阅读模式，等等。）

图5-70　用户画像举例

5.14.2　用户画像制作

　　如图5-71所示，可以看一下以下两张淘宝首页，布局一致，内容却完全不一样，这是根据每个人不同的消费品类、购买偏好、历史购买、搜索记录来展示不

图5-71　两张布局一致而内容不同的淘宝首页

同的内容。所以用户画像的行为特征，可以有效地提高设计效率，让界面定制型更强，更符合用户需求。

5.14.3　用户讨论

　　邀请用户来回答产品的相关问题，并记录做出后续分析。用户访谈有三种形式：问题式交流（根据之前写好的问题结构）、半问题式交流（一半根据问题一半讨论）、开放式交流（较为深入地和用户交流，双方都有主动权来探讨）。做用户调查时要注意：用户不可以是互联网从业的专业人员，不可提出诱导性问题，尽量使用白话交流。用户调查适合产品开发的全部过程。

5.14.4　前期调查

　　前期调查可分为纸质问卷调查、网络问卷调查。依据产品迫切需要了解的问题，整理成文案让用户回答。问卷调查是一种成本比较低的用户调查方法，适合产品策划初期对目标人群进行分析。另外注意，一个问题最好收集10个问卷，如果你有10个问题那么至少要收集100个问卷才是有效的。要知道不是所有受访人都愿意耐心地填写问卷，很有可能是敷衍了事，这样的答案会扰乱我们的判断。

5.14.5　可行性测试

通过筛选让不同用户群来对产品进行操作（选取内部人员，如前台、人事等），测试人员在旁边记录，硬性要求用户是真实产品的使用者并且是不相关产业的从业者。而且可行性测试一般要有一个可用的软件版本或者原型供人测试才可以（在软件开发的前期不适合用这个方法，也不适合小型外包公司，人员成本太高）。

5.14.6　大数据分析和用户的反馈

通常这种方法适用于正式上线的产品，已经运营了一段时间，有了一定的用户基数。根据后台数据的分析和用户反馈，来对产品进行一定的调整和优化。

有了以上几种方法，我们就能更好地了解用户和接近用户了。但是要注意，用户研究也是有误区的。比如：填写问卷和参与调研的用户可能并不是核心用户，除了提交用户反馈那些人，可能还会有更多剩余用户等。总之，用户研究是一个必要的手段，但是仍然需要产品团队来对产品的方向做出决策。

5.14.7　使用场景

之前介绍了用户使用的场景是根据产品的功能和平台决定的。电脑的使用场景一般是一手键盘，一手鼠标。而移动端则是随时随地使用，用户可能是在等公交时、在上课时、在等待女朋友买衣服时、在上班时、躺在沙发上看电视时浏览，等等。

在不同的场景和时间中，我们要为用户考虑不同的设计，如他们在各种场景中使用我们产品时有什么需要，是否需要省流量，是否需要调整字号，是否需要过滤蓝光，是否需要护眼模式，是否不方便看视频，是否需要缓存视频，是否双手操作不太方便，是否扫二维码时需要个手电功能，是否需要语音提醒，是否需要清除访问记录，等等。

一个不考虑用户使用场景的产品一定是会使用户抱怨的。经常会听到一些人抱怨"这个App也不弄个提醒，早上在地铁里看电视以为是在家用Wi-Fi，结果看了一部电影花了好多流量费"等。

5.14.8　操作手势

网页设计所处的电脑端目前主要还是依靠鼠标点击来操作的，鼠标点击的最小单位甚至可以是1px。而移动端不太一样，移动端设备中人们用手指来操作界面。一般来说，手指点触区域最小尺寸为7mm×7mm，拇指最小尺寸为9mm×9mm。也就是在@2x设计中为88px（或44pt）。这个神奇的88px在移动端应用很广泛：很多表单项的高度是88px、导航栏高度也是88px等。大家可能会说，有些界面上的图标看上去没有88px。但是那只是视觉感受，可以通过增加图标点击区域的方式（如把66px大小的图标增加22像素的透明区域）来让图标更好点击。记得在设计时不要把相邻的操作区域放得特别近，可以把所有点击区域用88px标记看是否有重叠的情况，避免点击一个图标时误点另一个图标。除了点击区域，移动端还可以利用各种手势来进行各种操作的设计，如图5-72所示，常用的手势有：

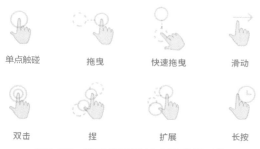

图5-72 移动端UI设计中的常用手势

单点触碰（tap）：单击用来选择一个元素，类似鼠标的左键，是最常用的手势。

拖曳（drag）：单击某个元素然后拖拽进行移动，类似现实生活中移动物体的感觉。

快速拖曳（flick）：速度很快的拖曳操作。

滑动（swipe）：水平或垂直方向的滑动，比如翻阅相册和电子书翻阅的手势。

双击（double-click）：快速点一个物体两下，通常会在放大、缩小操作中使用。

捏（pinch）：两根手指头向内捏，捏的动作会使物体变得更小，通常在缩小操作中使用。网易新闻客户端中正文页面即可通过捏的动作来缩小字号。

扩展（stretch）：两根手指向外推，现实中这种操作会使物体向外拉伸，元素可能会变得更大，通常会在放大操作中使用。网易新闻客户端中正文页面可以通过伸展放大字号。

长按（touch and hold）：手指点击并按住不动会激发另一个操作。如朋友圈的相机图标长按可只发文字。但是注意，长按不是一个常态操作，所以一般不太建议用户进行该操作。但长按操作又是有需要的，所以会把删除、只发文字状态等操作隐藏其中。

除了用户使用场景、点击区域、手势，还有一个影响我们设计的使用情况，就是用户怎么拿手机很重要。用户可以单手拿手机、双手拿手机、直向拿手机、横向拿手机。我们需要考虑这些可能发生的特征进行手势互动的规划与设计。比如ofo为了让用户单手（说不定是左手还是右手）操作方便，主要按钮在下方并且做得很大，左右手都可以轻松点击。而微信的很多按钮也都是大长条，方便左右手的触发。横屏使用场景一般是游戏、视频等，所以一般的App并不支持横屏操作（微信、支付宝、微博均不支持横屏操作）。

5.14.9 格式塔心理学

我们发现有些用户在使用设计好的界面时找不到一些重要的功能按钮。这需要我们来了解一下用户是如何认知设计好的界面的。大家一定都见过完形填空这种题型吧，"格式塔"源自德语"Gestalt"，意即整体、完形。格式塔心理学认为，我们在观察的时候会自动脑补出一些逻辑和含义来，会让观察对象变成一个完整的、整体的、常见的形状。

研究格式塔心理学对我们做互联网产品有什么用呢？掌握格式塔的理论就可以让用户按照我们准备的"剧情"来交互和操作界面了。我们可以让用户比较容易地根据固定位置找到分享按钮，也可以让用户"无脑式"操作、提交信息等。格式塔心理学对于我们做好表现层是非常有利的。格式塔原理主要有格式塔"五大律"和格式塔"三大记忆律"两个知识点。

（1）格式塔"五大律"

① 接近律（law of proximity）。格式塔心理学认为，人们认知事物的时候，会依靠它们的距离来判断它们之间的关系。两个元素越近就说明它们之间关系更强。但是距离也是要有对比的，在复杂的设计中，我们要一边考虑它们之间内部的逻辑关系，一边来排版。如图5-73所示，圆圈摆放方式不同，阅读效果也会不同。

图5-73 排布方式不同导致的不同视觉效果

② 相似律（law of similarity）。认知事物时，刺激要素（如大小、色彩、形状等）相似的元素人们倾向于把它们联系在一起或者认为它们是一个种类，如图5-74所示。比如，人们能轻易地分辨出拨号页面中拨号键和按键群的区别。

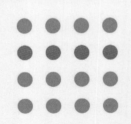

图5-74 相似的元素暗示了它们属于一个种类

③ 闭合律（law of closure）。就算没有外形的约束，人们也会自动把图形脑补完全。比如半个形状或者有缺口的形状人们不会认为是一条线，而是一个具体的形状。闭合是指一种完整形状的认知规律。如图5-75所示，左边的图形人们会认为是圆形有缺口而不是一条曲线；右边的图形人们会认为是圆形被5条线段截断了而不是6个形状。

图5-75 闭合律

界面设计中露出一半内容，闭合律让人们感知右边还隐藏着更多内容，如图5-76所示。

④ 连续律（law of continuity）。在知觉过程中人们往往倾向于使知觉对象的直线继续成为直线，使曲线继续成为曲线，也就是视觉的惯性。利用连续律我们可以让用户操作界面时不经过思考就点击一个固定的位置。如图5-77所示。

图5-77　深谙连续律的软件

⑤ 成员特性律（law of member shipcharacter）。如果界面里有很多同样的按钮，如何让某个更重要的按钮突出但是仍然让用户感知还是按钮呢？那就要用到成员特性律了。成员特性律赋予了组合中某一个元素特殊的一些刺激性表现，从而突出它。如图5-78所示。

（2）格式塔"三大记忆律"

另外，还有专门研究用户记忆的格式塔记忆律。

格式塔心理学家沃尔夫对遗忘问题所作的经典性研究得出了格式塔的"三大记忆律"。沃尔夫实验时要求实验体观看样本图形并记住它们，然后在不同的时间里根据记忆把它们画出来。结果发现实验体在不同的间隔时间画出来的图像都有所不同。有时再现的图画比原来的图画更简单，更有规则，有时原来图画中显著的细

新品发布台　　　　　　　　　　1/8

秋露沙发｜全球百强设计师作品　¥2850 ~~¥2000~~　　熊

取形似露，圆中藏棱，360°旋转无束，来自法国Noé　　方
Duchaufour Lawrance　　　　　　　　　　　　　　研

新品特惠　2色可选　　　　　　　　　　　　　　　　2E

造作美学纪

图5-76　造作App闭合律

图5-78　"片刻"发布图标与其他按
钮不同

节在再现时被更加突出了。还有的比原来的图像更像某些我们都很熟悉的图案。

沃尔夫把水平化、尖锐化、常态化这三种记忆规律称之为格式塔"三大记忆律"。

① 水平化（leveling）。水平化是指在记忆中人们趋向于减少知觉图形小的不规则部分使其对称；或趋向于减少知觉图形中的具体细节。

② 尖锐化（sharpening）。尖锐化是在记忆中与水平化过程伴随而行的。尖锐化是指在记忆中，人们往往强调知觉图形的某些特征而忽视其他具体细节的过程。在有些心理学家看来，人类记忆的特征之一，就是客体中最明显的特征在再现过程中往往被夸大了。如图5-79所示。

图5-79 哪个图形才是正确的？

③ 常态化（normalizing）。常态化是指人们在记忆中，往往根据自己已有的记忆痕迹对知觉图形加以修改，即一般会趋向于按照自己认为它似乎应该是什么样子来加以修改的。

5.14.10 情感化设计

了解格式塔会让我们把界面做得更加符合用户的心理预期，让用户能够明显地找到他想要运用的操作。可是用户还有其他要求，用户还想要界面好看。你是否也会陷入这样的矛盾：可用性重要还是美感重要？怎样才能够让我们设计的界面又好用还漂亮呢？情感化设计最先由唐纳德·诺曼博士提出，指的是设计中情感在所处的重要地位以及如何让用户把情感投射在产品上来解决可用性与美感的矛盾。情感化设计是抓住用户注意、诱发情绪反应以提高执行行为的可能性的设计。比如红色且巨大的购买按钮能够无意识地抓住用户的注意；可爱的卡通可以缓解用户网络不好时的焦虑，等等。情感化设计有三个水平，它们是递进关系，分别是：本能水平（重视设计外形）、行为水平设计（重视使用的乐趣和效率）、反思水平设计（重视自我形象、个人满意、记忆）。

（1）本能水平

人类本身就是视觉动物，对美的事物观察和理解是出于人们本能的。本能水平的设计就是刺激用户的感官体验，让别人注意到我们的设计。这个阶段的设计会更加注重视觉效果。如各大电商网站的专题页面设计，更多地放在视觉设计上。

（2）行为水平

行为水平是功能性产品设计需要注重的。一个产品是否达到了行为水平，要看它是否能有效地完成任务，是否是一种有乐趣的操作体验。优秀行为水平设计的四个方面：功能性、易懂性、可用性和物理感觉。如好用的记账App等。

（3）反思水平

反思水平的设计与用户长期感受有关，这种水平的设计建立了品牌感和用户的情感投射。反思水平设计是产品和用户之间情感的纽带，通过互动给用户自我形象、满意度、记忆等体验，让用户形成对品牌的认知，培养对品牌的忠诚度。

马洛斯理论把人的需求分成生理需求、安全需求、社交需求、尊重需求和自我实现需求五个层次。反思水平的设计就是提供给用户归属感、尊重、自我实现。如谷歌每逢节日就会有一些符合节日化的设计，网易严选的空状态也会有品牌感的体现，等等。

（4）情感化设计的表达

画面——画面是情感化设计的重点，让错误页面或者空状态都可以成为一幅可爱的插画。

应景——让用户在我们的产品中体验到一些和真实世界一样的感受变化。

游戏感——没有人喜欢做任务，试着让用户把完成任务当成游戏吧。如每次登录加"金币"，有足够的"金币"就可以获得相应称号。

冲突——冲突非常能够勾起人的情绪，营造一个竞争或者对抗的氛围，让用户感觉自己置身在一个比赛或者格斗中。

讲故事——给产品和无聊的图片一些故事设计，毕竟没有人会讨厌看故事。

隐喻——用一些大家理解、随处可见的事物表达一些无趣、生涩的概念。

互动——给用户和其他用户多制造互动机会，如排行榜、推荐等，不要让用户感觉孤独。

5.15 ● UI交互八原则

原则1：费茨定律（Fitts' Law）

费茨定律指的是：光标到达一个目标的时间，与当前光标所在的位置和目标位置的距离（D）和目标大小（S）有关。它的数学公式是：时间$T=a+b\log_2(D/S+1)$。

这个定律是由保罗·费茨博士（Paul M.Fitts）提出的，所以得名。费茨定律在很多领域都得到了应用，特别是在互联网设计中尤为深远。我们利用费茨定律估算用户移动光标到链接或者按钮所需的时间，时间越短越高效。

比如有一个按钮在左下角，用户的操作可以细分为两个阶段：第一个阶段大范围移动到左下方向，第二个阶段再做微调到达这个按钮之上。所以这个时间受按钮和链接所在位置与按钮和链接大小影响，也就是说我们在做设计时要考虑光标默认会放在哪里，链接按钮是否太小。如图5-80所示。

原则2：希克定律（Hick's Law）

希克定律是指一个人面临的选择（n）越多，所需要做出决定的时间（T）就越长。它的公式是：反应时间 $T=a+b\log_2 n$。如图5-81所示。

在设计中如果给用户的选择越多，那么用户所需要做出决定的时间就越长。比如我们给出用户"菜单—子菜单—选项"，那么用户可能会很纠结；如果我们简化成"菜单—选项"，就会减少用户做选择的时间。

图5-80　ofo将按钮放置手指最容易点击的区域并且按钮足够大

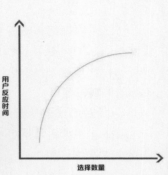

图5-81　希克定律数学曲线

原则3：防呆原则

有本交互书籍的名称为*Don't make me think*，书名的中文翻译为不要让我思考。有一句话在做设计时要牢记：不要认为用户是专家！有时设计师会觉得，"点击三个点的图标当然就是更多啊！""这个按钮长按不是就会弹出某功能了"。但是我们忘记了普通用户可能并不理解什么是更多图标、什么是tab切换、什么是双指滑动。更何况普通用户并不会花时间去研究我们的App，在他们眼中我们的产品只是众多App中的一个。所以一定要把交互和设计做得简单，并且让用户在别的地方"学习"过。每个页面强调一个重要的功能，而不要让用户做选择题。这些都是有效防呆的好方法。"防呆"和"不要让我思考"都体现了设计要自然而然。如图5-82所示。

原则4：防止不耐烦原则

用户是很容易不耐烦的，如果我们需要用户

图5-82　运动App Keep的页面中总有一个按钮是突出的

等待载入信息，就一定要给一个有情感化的设计提示，避免用户产生焦虑。比如很多游戏加载时都会出现主角跑步的小动画，美团等App下拉刷新时也会有几帧的动画来安慰用户。

动画要好于苹果默认提供给开发的"转菊花"，因为卡通形象更有亲和力。但是好像还不够，用户需要掌控感，为了防止用户没有掌控感，我们可以为用户设计加载条或者加载提示。

加载状态条，在很多情况下都是假的甚至是重复的，原因是其实要精确判断加载了多少兆的素材的代码会更占资源！本来是想安抚用户等待加载的时间，可竟然会变得更长，那当然不可以了。

于是很多时候我们会做一个假的加载状态条来安抚用户，大家一定看到过反复加载的加载条吧！加载条下的文案也是可以变得非常有情感化的设计感受，比如通常是"加载场景资源""加载素材"这样的文案，但是有些App需要很长的加载时间时会给出这样的文案"导演正在准备""女主角准备化妆了""摄像师打开了灯光"。是不是更加好玩了？

原则5: 7±2法则

让我们先玩个游戏，请记忆下面的文字，一分钟后移开视线：

不知多可忘人心惶才能江留

现在闭上眼睛想一下刚才的文字你能回忆几个？也许是5个到9个之间。1956年美国科学家米勒对人类短时记忆能力进行了研究，他注意到年轻人的记忆广度为5~9个单位之间，就是7±2法则。这个法则运用在做界面设计的时候，如果希望用户记住导航区域的内容或者一个路径的顺序，那么数量应该控制在7个左右，比如苹果和站酷网站的导航个数。另外，手机端底部tab区域最多也是5个，而安全区域里的图标是8个。

苹果、站酷、Dribbble等网站导航数量全部是7±2，如图5-83所示。

图5-83　站酷导航数量

原则6: 泰思勒定律（Tesler's Law）

这个定律是说产品固有的复杂性存在一个临界点，超过了这个点过程就不能再简化了。我们只能将这种复杂性转移。比如我们发现页面的功能是必须存在的，但当前的页面信息超载，那么就需要将次要的功能收起或者转移。如图5-84所示。

图5-84　站酷网站导航将更多功能收起，放在一个表示更多的图标内

原则7：奥卡姆的剃刀法则（Occam's Razor）

奥卡姆的剃须刀法则主要说的是我们在做产品时功能上不可以太烦琐，应该保证简洁和工具化。比如产品中为用户提供了"收藏"功能是否就不需要"喜欢"了？提供了"喜欢"是否不需要"点赞"了？一定保证功能上的简洁明了。

原则8：防错原则

通常情况下表格是需要填写完毕后才能提交。一些用户有时会漏填或者忘记填写，这时用户点击提交会出现什么情况呢？很可能有些选项会被清空（比如密码选项基于安全考虑会清空cookies），那么用户还得重新填写。这时解决办法是在用户没填写完之前把提交按钮设计成不能点击（比如用灰色表示，相信大家都碰到过这种设计），或者用户想提交时弹窗提醒：

图5-85　密码提示示例

"您还有内容没有填写完哦"，然后把用户定位在没填写完的项目，让那个表单非常明显。再比如推特（Twitter）只允许用户填写140个字，但用户往往会超出140个字，那怎么办呢？解决办法是在字写框旁边设计倒数功能（微博也是这么做的）。

这些都是为了防止用户操作出现错误所做的努力，防错设计就是要减少错误操作所带来的灾难。错误的提示需要设计师设计，可是有些错误提示含糊，用户并不知道到底错的是哪里，下一步该怎么办。比如仅仅登录功能就可能会有用户名错误、密码错误、网络超时、连续三次输入密码错误、用户名为空等不同的错误，而有些产品仅仅给出"出错了"，那么用户会不知所措。如图5-85所示，在登录某知名App时输错了密码，它提示"密码输入错误，提示：您在1周前修改过密码"。

6.1 ● 开始做一个产品

首先让我们了解一下App的设计开发流程：

产品经理（PM）——交互设计师（IXD）——视觉设计师（GUI）——用户研究工程师（UE）——程序员（RD）——运营（OP）。

① 产品经理（PM）。负责产品的需求收集、整理、归纳、深入挖掘，组织人员讨论目标人群、人群需求、产品定位，然后进行产品规划，画原型图，写PRD，与UI设计师、交互设计师、开发人员、运营人员沟通，并推进、跟踪产品开发到上线，上线后再根据运营人员收集的用户反馈、需求，进行一下版本开发、迭代。

② 交互设计师（IXD）。对产品进行行为设计和界面设计。行为设计是指各种用户操作后的效果设计。web的操作以点击为主。点击操作可以分为"表单提交"类和"跳转链接"类两种。除点击外，还涉及拖拽操作等。界面设计包括：页面布局、内容展示等众多界面展现。

③ 视觉设计师（GUI）。基于对产品需求的理解，完成需要的视觉设计。团队协作设定产品整体界面视觉风格与创意规划。基于原型图设计配合团队高效地开展系统化的详细视觉设计。起码具备移动端产品设计经验或3年以上专业设计工作经验的设计师。

④ 用户研究工程师（UE）。类似于问卷调查，收集用户反馈，将得到的数据整体分析，进而把握产品使用者的需求，给用户更好的体验。用户研究工程师这一职位通常只有在大型互联网公司才会有，一般的中小型企业是没有特地设立这个职位的。

⑤ 程序员（RD）。将设计好的界面，用代码把界面布局出来，把动态交互效果全部呈现出来。

⑥ 运营（OP）。任何App或者产品，都是需要通过运营/推广产生更多的用户，继而给公司带来利益。

6.2 ● 和甲方斗智斗勇

"你们有什么需求"，简单的一句话却堪称"世界级难题"，困扰了一代又一代的甲方，"引无数设计师竞折腰"。当然设计师也很烦恼，一边设计一边猜心思，猜不对要改，改了不对，还要继续改……甲方那边方案过不了，"我说A，你给我B，手一抖我选了C，消费者其实想要D"。想做个人见人爱的厉害甲方？

这个设计项目做出来是为了什么？

是调整产品整体视觉，还是解决用户的某些需求？

是更新迭代，还是推出一个全新的产品？

是否清晰地知道自己想要什么样的设计，还是只有一个模糊的概念？

比如，大多数的品牌设计不单单只是为了卖商品，更重要的是凸显品牌本身，从而让人们对这一品牌形成认知度，这对所有的品牌来说都是一项长远的目标。

（1）把控好预算和工期

在和甲方沟通的时候，要去引导甲方，让他们知道大致的预算成本和人员成本要多少，根据预算来做相匹配的设计方案。如果甲方在这时候提出某个大型的功能而会超出甲方原本的预算，我们就需要让甲方做一个取舍，一是提高预算成本，二是删减这个功能，或者先实现一部分，做成精简版的。

好的设计永远需要耗费大量的时间。设计一个App产品需要考虑非常多的因素，比创作一幅漂亮图片复杂得多。当甲方或者上级领导提出某一个想法的时候，我们就需要根据实际的产品设计，预估大致的时间，然后来和甲方进行一定的沟通，如果甲方给的时间不够完成整个项目，那我们就需要在沟通的时间跟甲方提出异议，根据权重比，来完成产品的整体设计。

（2）明确目标客户

此次产品的用户是谁？

如果不知道目标用户是谁，可以描述期望的用户是哪一类人群，或者去调研一般是谁购买和使用你的产品和服务。如果有几类人群，可以分别进行详细描述，努力覆盖所有你的期望人群。如图6-1所示。

图6-1　描述用户群

可能，产品的真实目标用户与甲方的设想并不一致。这时候就需要更多地沟通，才可以更多地了解产品，对于设计的方向会有重要帮助。以开发手机安卓系统安全软件的科技公司Trustlook为例，品牌重塑的目标是为了扩张市场，最开始认为其目标用户应该是重视手机安全的人群。经过市场调研发现，由于在明显的用户群中竞争激烈，其市场真正的潜在用户是妇女和老人。

（3）明确设计范围

本次设计的范围是什么？

不是所有产品项目的深度都是一样的。如一个人想要的是一个带支付功能的App，另一个人想要的只有基本公司信息的展示页面，等等。

制作需要设计师介入的深度也不一样。一些项目需要的是一套完整的用户解决方案，另一些项目则只需要套一个现成的模板。

有时候，设计项目的范围显而易见，如果甲方是想通过App买卖，那就需要强大的支付功能，有时候，你要的东西无法通过目的清晰得知，比如是否需要整合支付宝、微信支付功能，或者社交功能，等等。这些都需要和甲方进行深入的沟通才能确定。

（4）设想整体风格

与甲方沟通的结果可能发生以下两种情况：

一是你对甲方提出的设计风格已经有了一定把握，心中已经有了比较符合用户需求的设计了；二是你心中的设计有待调整，甲方的风格可能不一定会被大众接受，需要和甲方进行一定的沟通调整。

这两种可能性都存在。尽量找到适合的例子让甲方进行筛选，这样对两方都有好处，节省了不必要的沟通成本，如果找不到合适的例子，可以先出个原型图，让甲方对此进行审核调整，这也不失为一种好的沟通方式。

6.3 ● UI设计的思路

当拿到一个产品原型图的时候，正式属于UI设计的工作就开始了，我们需要对原型图进行一定的剖析和解读，深入理解这个产品的功能和用户群，思考用什么样的色彩和版式，找到了实际需求之后我们得来给这些需求排优先级。这里教大家一个Kano模型，如图6-2所示：

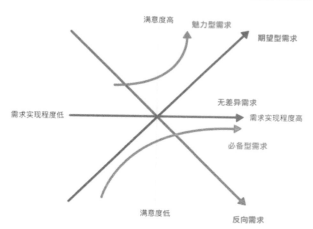

图6-2　Kano模型

① 必备型需求就是指这个功能在这个产品里必须具备。

② 期望型需求就是指用户希望有这个功能，如果没有，用户满意度会下降。

③ 魅力型需求就是指如果有了这个功能，那么用户会很开心、很惊喜，如果没有，那么也影响不大。

④ 无差异需求就是指用户根本不关心有没有这个功能。

⑤ 反向需求就是指这个功能用户希望可以去掉，用户对其感觉到了厌恶。

当我们将很多需求用Kano模型展示出来之后就会发现，我们要做的需求基本可以按照必备>期望>魅力的优先级顺序来筛选和设计。

以上的内容不仅仅UI设计会用到，交互设计中也同样可以去应用，因为未来UI设计的趋势将会是UX>UI，更准确地说是两者互相融合。

6.3.1　颜色

为了使产品的风格更贴近整体品牌风格，在设计之初我们就需要想好使用哪种主色调，挑选两种或三种辅色，大多数情况下会选择两种辅色，选同一色系或者邻近的色系。比如主色是蓝色，那么我们可以选择邻近色系的浅蓝色和深蓝色作为辅色。再加上1～2种强调色，用来高亮显示，提醒用户的作用，如红色，橙色等对比色。

6.3.2　字体（以下提到的是都在iPhone 5的尺寸下面设计的字号）

根据多年UI设计经验，最适合阅读的字号以及大部分人觉得最舒适的字号大小是28px。导航的标题字号宜选择38px，导航字体按钮的字号会选小一号的34px，提示文字宜为24px。对于18px以下的字号尽量少用。当然字体的颜色通常使用3种颜色便足以设计这个产品：如深色、深灰色以及浅色字体。

6.3.3　分割线

分割线第一是为了区分不一样的层级，第二是引导，同样的内容，用横向线条或者竖向线条，用户的浏览路径将会发生变化，所以分割线在整个App中的所用是不言而喻的。那么将分割线也可以定义为1～2个层级的

图6-3　分割线

颜色，在移动端肉眼能识别即可，但注意不能太深，也不能太浅。如图6-3所示。

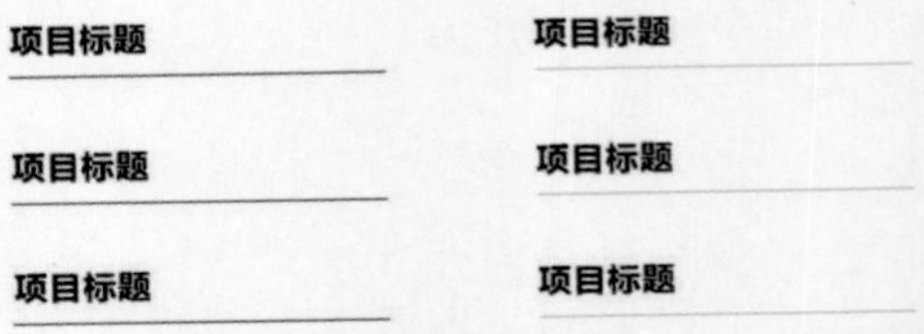

6.3.4　图标

图标能使整个App更生动，但是图标有时候单独存在又是个硬伤，对于一些抽象画的字段图标没办法更好地绘制出来的时候，我们就需要进行图文结合来描述。图标使用的位置不同，大小也会不同，甚至风格也会迥异。比如：微信底部标签栏的图标和顶部导航栏的图标粗细不同，风格也不同。但是不是在一个App里需要有很多风格的图标，只要形式统一就可以。

一般图标能分为线性和色块两种，线性图标更轻盈，缺点是放大之后线条会

变粗，且线性图标没有色块图标表意明确。色块图标更直观，且不受放大或缩小的影响，可以用到iconfont里，图标将成为一种字体，比较大程度优化App的内存，缺点是信息较多时比较冗杂。

6.3.5 排版

排版对于一个页面来说是非常重要的，在交互稿上，交互已经大致区分出了信息的布局，这个时候我们需要去进行"具象化"。我们先将信息关联度大概的内容整合在一起，再根据内容的重要程度，以用户的视觉流进行排布，当然这个只是正常的设计流程，凡事无绝对，要懂得变通。这里有一个小窍门，就是尽量保证信息元素之间的距离相等，除非为了区分两个信息，间距一致会使整个页面更美观。当然做页面时不是能展示所有信息的就是好设计，我们强调的是用户体验，用户不希望一眼看去都是信息，这个时候我们需要做一些留白的设计或者信息的层级显示。

6.4 ● UI设计配色

6.4.1 UI色彩认知

就重要性而言，在App应用中色彩元素扮演的角色仅次于功能。人与计算机的互动主要基于与图形用户界面元素的交互，而色彩在该交互中起着关键性作用。它可以帮助用户查看和理解App内容，与正确的元素互动，并了解操作。

每个App都会有一套配色方案，并在主要区域使用其基础色彩。正因为有无数种色彩组合的可能，在设计一个新的产品时，人们往往很难决定使用哪一款配色方案。

（1）色彩数量

在创建配色方案时，需要考虑很多因素，包括品牌颜色及色彩所在区域的特殊意义，保持色彩组合简洁，有助于改善用户体验。一个简洁的配色方案不会使用户眼花缭乱，并且内容会更容易被理解。反之，颜色使用过多，很容易使产品失去用户。

据多伦多大学关于人们如何使用Adobe Color CC的研究显示，大多数人更倾向于依赖2～3种色彩的简单组合。

（2）色彩的术语

色相（hue）——即各类色彩的称谓（如黄色、红色、黑色）；

色彩饱和度（saturation）/色度（chroma）——颜色的整体强度或者亮度；

明度（value）——色彩的明暗程度；

色调（tone）——纯色和灰色组合产生的颜色，也可以说是一幅画中画面色彩的总体倾向；

色度（shade）——纯色和不同比例的黑色混合产生的颜色，色彩的纯度；

色彩（tint）——纯色和白色混合产生的颜色，一种色相（hue）通过加入不同比例的白色能够产生不同的颜色。

（3）常用色彩

在所有色彩中，下列色彩尤其突出。

① 红色（最突出）。红色是代表爱情和激情的颜色。红色是很强势的颜色，当它和其他颜色搭配时，比如搭配黑色，可以创建非常吸引人眼球的感觉。

② 蓝色。蓝色会给人不同的感受、想法和情绪。蓝色也代表着新鲜和更新。蓝色给人冷静的感觉，会帮助人放松下来。

③ 绿色。绿色也代表着经济增长和健康。绿色是大自然的颜色，活泼、充满生机。绿色还意味着利润和收益，如果搭配蓝色，通常会给人艰苦、清洁、生活化和自然的感觉。

④ 橙色。橙色代表了温暖。橙色能够创造一个有趣的氛围，因为它充满了活力。

⑤ 黄色（最不突出）。黄色给人轻快、充满希望的感觉。当黄色与黑色搭配在一起，会十分吸引人的眼球，如很多国家的出租车都采用了这种配色方式。

6.4.2　配色原则

（1）十二色环

如图6-4所示，十二色环图是创建配色方案的重要工具。

（2）三原色

所有颜色的源头被称为三原色，三原色指的是红色、黄色和青色，如图6-5所示。如果我们谈论的是屏幕的显示颜色，比如显示器，三原色则是红色、绿色和蓝色，也就是我们熟悉的RGB。

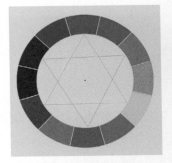

图6-4　十二色环

图6-5　三原色

（3）配色

单色：单色是单一色系的搭配，它在色彩的深浅、明暗或饱和度上有所调整而形成明暗的层次关系。单色方案是非常容易被视觉感受到的。

邻近色：邻近色的配色方案是选取相互不冲突的相关色彩。一种色彩用作主色，而其他色彩用于辅助主色。邻近色配色方案是由在十二色环图中相邻的三种色彩构成。

互补色：互补色是指色环上呈180°角的颜色。它们对比强烈，可以用来吸引用户的视觉焦点。当使用互补色方案时，重要的是选择主色并且使用其互补色用于强调。

三角色：指通过在色环上创建一个等边三角形来取出的一组颜色，可以让作品颜色很丰富。如蓝紫色和黄绿色就可以形成十分强烈的对比。

四方色：在色环上画一个正方形，取四个角的颜色，如紫红色、橘黄色、黄绿色和蓝紫色。

暖色：暖色通常会让人联想起火焰、爱情。红色是血的颜色，给人感觉温暖，橙色和黄色也是暖色系的。

冷色：通常会让人想到死亡、冬季等画面，冷色给人的感觉是干净、平和，紫色也是冷色，常和高贵联系在一起。

6.4.3 App配色欣赏

如图6-6～图6-8所示为配色设计较成功的App示例。

6.4.4 配色工具

（1）Material Design

MD是由Google推出的设计语言，它适用于UI视觉界面的配色，起到很好的统一效果。MD所展

图6-6　Twitter

图6-7　站酷（综合性"设计师社区"）

示的颜色较鲜艳，所以在设备上展示出来也是很有识别性的。有时候在网上看到的某个界面颜色很突出，干净且简约，那一定是按照MD的颜色来设计的。它的颜色灵感、取色来源于路标、道路减速带、操场等。通过浓厚的阴影和强烈的高光强调视觉元素。

（2）Material Design Palette

MDP可以搭配出很标准且识别度较高的UI界面，令整个界面看起来简约舒适。

图6-8 奖呗（主打美食，吸引商户入驻）

操作也很简单，只要在左侧选择两个色块，右侧就会出现相应的搭配界面，可以任意调换主色与辅色的位置和颜色，直到满意为止，界面下方会有自动生成的不同明暗度的辅助色，可提供不同格式的下载方式。

（3）Material Design Color

如图6-9所示，这份色板每一张均从基本颜色开始，然后逐渐扩充，创建出一套完整、可复用的配色体系，可用于网页设计、安卓设计和iOS设计，以及扁平类插画、柔和的渐变

6.4.5 颜色搭配6-3-1法则

颜色搭配需要把握60%+30%+10%的比例，这个搭配能简单地将不同的颜色搭配在一起。它的工作原理是创造了一种平衡感，并允许眼睛从一个焦点舒适地过渡到下一个。其中60%是主色调，30%是副色，还有10%是强调色。

（1）颜色的心理暗示

长久以来，人类一直在研究颜色能够产生的生理效应。撇开美学的层面，颜色还是情绪的创造者。颜色的意义会根据文化环境的不同而不同。这就是为什么当人们走进以黑白为主色调的时装店时，会给你一种优雅和崇高的感觉。

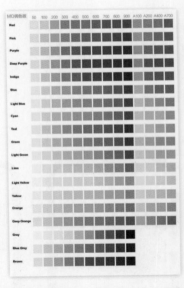

图6-9 Material Design Color色板

一般人们对颜色的感觉如下：

红色：激情、爱情、危险。

蓝色：平稳、责任、安全感。

黑色：神秘、优雅、邪恶。

白色：纯洁、安静、干净。

绿色：生命、新鲜、自然。

当然以上所讲的感觉不是绝对的，每个颜色对于不同人都有不同的感受。

（2）不要用纯灰度和黑色

现实中几乎不存在纯灰色或者纯黑色的东西。所以记得要给颜色添加一些饱和度，让它看起来更自然。

（3）相信自然

最好的色彩组合往往来源于大自然，如图6-10所示。当你想要找寻灵感时，就可以环顾一下四周。

图6-10　来自大自然的色彩组合

6.4.6　推荐几款有用的颜色工具

"工欲善其事，必先利其器。"以下这些工具会大大地提升工作效率。

（1）Coolors

Coolors是颜色选择工具，可以简单地锁定选定的颜色，然后按空格键生成调色板。同时允许用户上传图像，并以此为基准制作一个调色板。如图6-11所示。

图6-11　Coolors软件

（2）Kuler

Kuler是Adobe出品的工具，它可在浏览器或桌面上使用。如果使用的是桌面版本，还可以将颜色导入到Photoshop中。如图6-12所示。

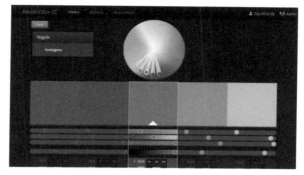

图6-12　Kuler软件

（3）Paletton

Paletton和Kuler类似，但它可选择的颜色更多。如图6-13所示。

（4）Shutterstock Lab Spectrum

如果想根据颜色搜索照片，或许可以试试Shutterstock里有个叫作Spectrum的工具，它能根据特定的色调去搜索照片。你甚至不用注册用户，即使是这些带有水印的预览图像，也足够生成你需要的调色板了。

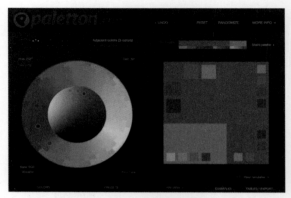

图6-13　Paletton软件

6.5 ● 和程序员沟通

UI设计师与开发组程序员沟通需做到以下两点：

① 让程序员弄清楚你的交互设计需求。

② 让程序员严格执行你界面设计要素（色彩、尺寸、字体等）。

（1）对于第1点

① 如果是极其简单的小改动，直接和开发口头表述。

② 稍微复杂一点的，和程序开发取得沟通，可以是开会演示，或者提供文档。

③ 若提供文档，可以用Word写，但输出格式一定要是PDF，原因是PDF格式有更好的阅读体验（iOS开发用的可能是MAC）。

④ 若是开会演示，可以和程序人员提前约好时间。

（2）对于第2点

① 如果用的软件是AI或者PS，需要进行设计文稿的标注。用之前提到过的马克鳗或者Assistor都是比较不错的标注软件，有兴趣的朋友可以试试看。

② 标注一般通过PNG格式，或贴在Word里用PDF格式，或贴在PPT里用PDF格式的方式交付。

以上两点做好，一般能满足小公司开发的需要了。设计稿标注工作主要是避免与程序出现不一致的问题，也可以节省开发的时间。

③ 最后，一定要和开发人员沟通，完成最后一项工作——切图，开发人员会告诉你哪里的哪些东西需要你来提供给他。

这样多对接几次，慢慢磨合了，整体交接的时候，就不会出现设计图和成品之间有太大差距的情况。

6.6 · 什么是UX

UX是User Experience的缩写，也就是"用户体验"。有时也会看到用UE缩写，但UX更常规。

在2010年，国际标准ISO 9241-210:2010中对UX的定义是：

A person's perceptions and responses that result from the use or anticipated use of a product, system or service. （一个人对某个产品或系统或服务在使用前、使用时（或使用后）产生的感受和反响。）

用户体验一词本身非常主观，重点在于用户心理的变化。它不光取决于你的产品或服务，也取决于用户本身和使用情况，而用户和使用情况是不能被设计的。

因此其实不能设计用户体验（Designing UX），但是可以为用户体验做设计（Designing for UX），理解这点至关重要。

在20世纪90年代个人电脑逐渐普及，唐纳德·诺曼（Donald Norman）率先将"用户体验"作为术语提出，并将其拓展到更大范围。

Donald Norman：

I invented the term because I thought human interface and usability were too narrow. I wanted to cover all aspects of the person's experience with the system including industrial design graphics, the interface, the physical interaction and the manual. Since then the term has spread widely, so much so that it is starting to lose its meaning. （我创造这个词是因为我认为人机界面和可用性太狭隘，我想涵盖关于人们体验的所有方面，包括工业设计、界面、物理交互和手工产品。从那时起，这个词开始广泛传播，以至于它开始失去原有的含义。）

2002年杰西·詹姆斯·加勒特（Jesse James Garrett）的《用户体验要素》出版，这本书具有超强的实践性。他将用户体验分作5个层次，并将系统设计分为任务和内容两大部分。

如今，用户体验一词最常出现在手机App设计、人机交互领域。尤其是前些年移动App、互联网公司刚开始爆发的时候，谈用户体验几乎是业内人士的职业病。但由于其宽泛的定义，它也逐渐成为各个设计领域内大家共同探讨的话题。

说到用户体验，当然也要提下"以用户为中心的设计"（User-centered design）。它也是由诺曼提出，并在1986年发布了名为*User-Centered System Design:New Perspectives on Human-Computer Interaction*的书。从此"以用户为中心的设计"理念开始广为人知。

人与计算机你来我往的互动就被称作"人机交互"，而用来接受人的各种输入，执行计算机的反馈的系统才是真正的interface。如图6-14所示。

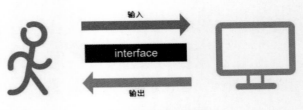

图6-14 "人机交互"

这里介绍下到底什么是interface。interface其实就是人机交互过程中的中介。什么是交互——主体人进行操作（输入），如用键盘打字、用触控笔绘画，然后计算机做出反应（输出），显示文字，显示你的画，这样人与计算机一来一回的互动就被称作人机交互。而用来接收人的各种输入，执行计算机的反馈的系统才是真正的interface。

其实对interface还有另外一个更好的中文翻译，那就是"接口"，可以称作"人机交互接口"。但也许是因为这个词过于理论化，在时间流逝下被人们渐渐淡忘。

而与"界面"相对应，我国台湾称作"介面"则要准确很多。这个"介"有介于两者之间的意思，与interface更相近，而且也不会像"界"那样造成其就是视觉设计的假象。

IxD的全称是Interaction Design，也就是"交互设计"。值得注意的是千万不要将IxD简写成ID，因为ID通常是Industrial Design（工业设计）的缩写。

以上已经解释了什么是"人机交互"。但"交互设计"是什么？交互设计本身是一个相对较新的领域，仅仅作为学科（职业）存在几十年。因此关于它的定义还非常不统一，并且随时在变。而这也是为什么它经常与用户体验和用户界面设计混淆在一起的原因。

以下是两种对交互设计的定义，供大家参考。

Interaction Design （IxD） defines the structure and behavior of interactive systems. Interaction Designers strive to create meaningful relationships between people and the products and services that they use, from computers to mobile devices to appliances and beyond.（交互设计定义了交互系统的结构和行为。交互设计师们努力地在人、产品以及他们使用的服务之间创造更有意义的联系，从计算机到移动设备，再到电器等。）

Interaction Design is the study and craft of how people interact with products, systems and services. It is about shaping digital experiences for people's use.（交互设计学习和研究人们如何与产品、系统、服务，产生交互，它是关于塑造人们使用数字产品的体验。所以不难看出交互设计其实包含了人、产品、系统和服务，还有在此过程中产生的体验感和行为。）

6.7 ● 物理尺寸与视觉尺寸

长宽400px的正方形与长宽400px的圆形哪一个更大？假如这样问你的话，那么答案当然是一样大。来看看图6-15所示的这张图，长宽都是400px的两个图形看起来并不一样大。你的眼睛告诉你400px的正方形比400px的圆形更大一些。可见，物体的物理尺寸是一样的，但视觉尺寸却有可能不一样。

图6-15　物理尺寸相同的两个图形

为了更加准确地证明这个现象的存在，图6-16给出辅助线，大家可以仔细看一下。

Side: 400 px　　　　　Diamater: 400 px

图6-16　加辅助线

改变一下圆形的尺寸，再来看这两个图形的视觉尺寸有没有更接近一些？如图6-17所示。

每个人的感官可能不太一样，但也许对于一部分人来说，调整尺寸后的两个图形看起来才是一样大，如图6-18所示。

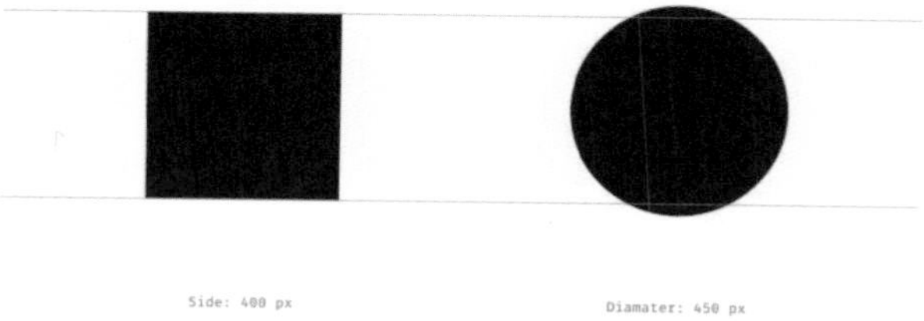

图6-17　改变图形的尺寸

现在我们将图形重叠在一起，看看为什么会产生这种视觉误差。400px的两个图形重叠在一起，你会发现整个圆形都被包裹在了正方形之内，而正方形多出的四个面积巨大的a区域就是造成这种视觉误差的原因。再将400px的正方形与450px的

Side: 400 px　　　　　Diamater: 450 px

图6-18　改变图形尺寸后加辅助线

圆形叠在一起，正方形无法将整个圆形包裹在内，圆形超出的四个b区域又与正方形多出来的a区域在视觉上互相抵消，所以450px的圆形与400px的正方形在视觉尺寸上更接近，也就是人们常说的"一样大"。如图6-19所示。

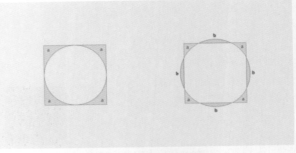

图6-19　重叠后的图形

不仅是圆形与正方形，所有的图形都能够造成这样的视觉偏差。当我们追求"看起来一样大"这个目标的时候，某些形状的物理尺寸却会更大一些。如图6-20所示。

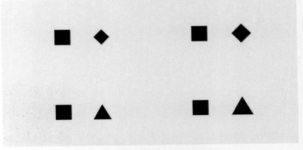

图6-20　调节物理尺寸弥补视觉尺寸

这个现象对于界面造成的影响会有哪些呢？譬如说，当绘制一套icon的时候，我们当然是追求每个icon都看起来一样大。但假如我们只通过物理尺寸来进行量度的话，画出来的icon看起来会有大有小，如图6-21所示。这种问题经常发生，手机里随便打开个App都能发现这样的问题。

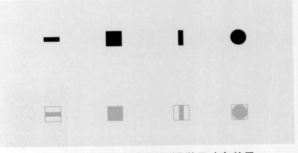

图6-21　物理尺寸相同而视觉尺寸有差异

所以在画icon的时候，一定要把视觉尺寸这个无法用数字进行衡量的因素考虑进去，视觉重量小的元素要放大，视觉重量大的元素要缩小。大家可以去下载HIG的标注icon与Material Design的标准icon看一下，数百个图标每一个的物理尺寸都不尽相同，但看起来全部都是一样大的，这就是视觉大小的经典体现。如图6-22所示。

图6-22　调整物理尺寸使视觉尺寸更接近

下面再举一个例子，如图6-23所示，6个图标看上去一样大，而实际上它们的物理尺寸并不相等。如图6-24所示。给它们加上粉色等大的边框，或许你会看得更加清楚。

不是每个人都会给每个图标加个框来测量视觉尺寸的平衡，这里教大家一个方法，可以运用高斯模糊，如果高斯模糊之下每个图标看起来都差不多大，那么就可以说大致达成了视觉尺寸相等，如图6-25所示。

对于那些不需要由我们来画的icon，比如分享到微博、微信的，官方已提供出来的icon，用起来也要注意。

下面举个例子，Facebook和Instagram的icon是正方形的，而Twitter和Pinterest的icon一个是不规则图形，一个则是圆形，所以为了达到视觉尺寸上的相等，当它们一起出现的时候，我们要放大Twitter和Pinterest的icon，实际效果如图6-26所示。

另外一种达不到视觉尺寸相等的多发情况就是表单和按钮搭配这种常见的组合。通常是长方形的表单和直径相等的圆形按钮摆在一起，会出现圆形按钮看起来比较小的问题。

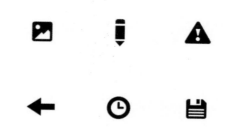

图6-23 视觉尺寸相等而物理尺寸不同的一组图标

图6-24 加上等大边框可看出它们的物理尺寸并不相等

图6-25 用高斯模糊的方法达成视觉尺寸相等

图6-26 实际效果

处理方法相信大家也都知道了，略微放大按钮，这样整个表单和按钮才能达到视觉平衡，视觉尺寸才能相等，如图6-27所示。

　　拿上面的例子来讲，是否有除了放大按钮以外的其他处理手法呢？当然是有的。条件允许的话可以对按钮添加一些颜色，让它看起来的视觉重量更重，这也能达成视觉尺寸相等，如图6-28所示。

　　物体都有物理尺寸，但是人眼所见，是面积或体积在大脑处理信息之后所认知的视觉尺寸，并不一定和物体的物理尺寸完全相等。

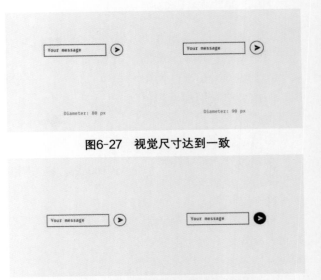

图6-27　视觉尺寸达到一致

图6-28　通过添加颜色来改变视觉尺寸

　　正方形的视觉重量是最重的，越接近正方形的icon看起来也会更重、更大，反之更轻、更小。规范绘制icon的安全区域主要就是为了解决视觉尺寸对等问题，留给设计师更多的操作空间。

6.8 · 视觉对齐与形状

　　视觉对齐可以说是视觉尺寸这种现象的一种逻辑上的延伸。来看一张简单的图（图6-29），这两个图形对齐了吗？

　　如图6-30所示，以物理尺寸的角度来看，它们绝对对齐了，因为这两个长条是一样长的。但是，由视觉的角度来看，上面长条是否看起来比下面长条长一点？

　　如图6-31所示，试着增加下面长条的长度。让下面的长条多出20px，这时候它们看起来才是对齐的，达成了视觉对齐。

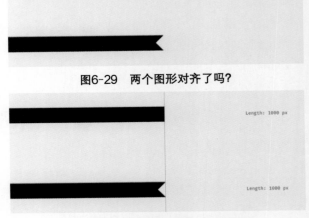

图6-29　两个图形对齐了吗？

图6-30　两个图形物理尺寸一样长

如图6-32所示的这种彩带样式相信大家都见到过，要让整个图看起来平衡、整齐，就要有意识地加长需要加长的部分，才能做到看起来对齐。

图6-31　增加物理尺寸以达成相等的视觉尺寸

如图6-33所示，带背景的文本要如何进行对齐？这时候要根据背景颜色的深浅决定对齐的方式。

如果是浅色背景，我们就不需要改变文本的长度，直接添加背景，浅色的背景由于视觉重量轻，尚不会对视觉尺寸带来较多的影响，如图6-34所示。

图6-32　改变彩带的物理尺寸

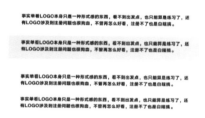

图6-33　带背景文本的对齐

图6-34　添加浅色背景

如果是深色背景，做法就不一样了。如图6-35所示，我们要让黑色背景与文本对齐，而放置于黑色背景之内的文本要有一定程度的缩进，这样才能达到视觉对齐的效果。

与浅色背景不同，深色背景的视觉重量本身比较重，如果要让文本看起来更加的一体感，就一定要这样做。否则背景会过分突出，看起来对齐的感觉会消失。

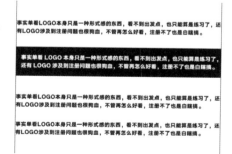

图6-35　添加深色背景

这种现象与排列原则最常应用于按钮与输入框，如图6-36所示。左边的浅色背景输入框框体不与标签文字对齐，框内文本才会与标签对齐。右侧的深色边框的输入框的框体要与标签文字对齐，而框内的内容无须与标签文字对齐。再来看发送按钮，左边的发送按钮与浅色背景的输入框为了达成视觉对齐故意地缩短了一点，右边的发送按钮也因为形状的缘故被故意地拉长了一点，达成视觉对齐。

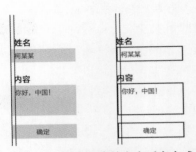

图6-36　输入框中的文字对齐方式

看起来非常简单，可是仅仅一个对齐的细节还是非常多的。下面单独看一下如图6-37所示的这个按钮，你会觉得里面的文字是居中的吧。

它们看起来是居中对齐的，但实际上并不是，右边箭头形状的按钮中的文字在物理尺寸上并未居中对齐，它距离左右两边的边距是不一样的，这种形状的按钮文字必须靠左一些才能看起来对齐。如图6-38所示。

图6-37　两个按钮中的文字是否居中？

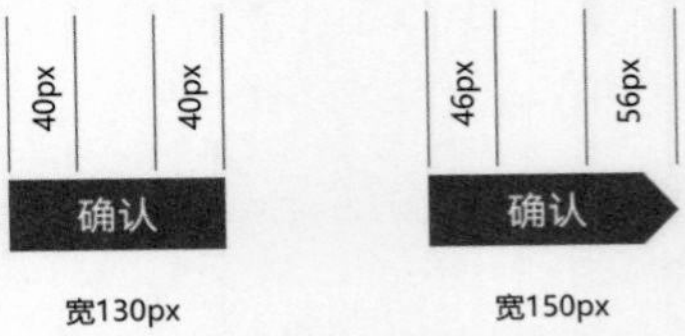

图6-38　实际物理尺寸

说完了水平居中，垂直居中也有非常多的细节要注意。这里告诉大家一个技巧，对于大部分操作系统而言或者说较为成熟的设计语言而言，垂直居中必定以按钮文字的首位大写字母的高度开始算起，但在Sketch中，所有的文字都会默认地带上行距，所以在制作文字按钮时，无论是中文还是英文，一定要注意调整行距，这样才能做到你所需要的垂直居中。

如图6-39所示，以此为排列原则基本上都会让文字（以首位大写字母算起）上下边距相等。大家都这样做的原因是在英文中，有升部的字母（l,t,d,b,k,h）要多于有降部的字母（y,j,g,p），而大写字母的高度与升部字母的高度大体相似。

图6-39　字母的垂直居中

说完了文字按钮，再来说说icon按钮，相信这个问题你也经常遇到过。如图6-40所示，哪一个按钮看起来对齐得比较好？

希望你能够看出来左边那个按钮是有问题的，实际上笔者在制作这个按钮的时候确实点了对齐，但是为什么还会出问题呢？跟文字对齐一样，对齐的方式选错了。一般来说，软件都会默认将酒杯当作

图6-40　对齐比较

是一个正方形来进行对齐，但由于图形设计时形状的原因，需要在视觉上进行调整对齐，不然会导致icon过于偏上。

图6-41　特殊形状的对齐方法

右边的按钮看起来更合适一些，面对这种特殊的、带角的形状，一定要保证每个角距离按钮边缘的距离是一样的，而这种对齐的方式不能再将icon当作是一个正方形来看。如图6-41所示。

图6-42　播放按钮中三角形的对齐方法

所以在这里就不能以对齐工具来作为标准了，你需要自己画个圆形来作为参考线，再进行对齐。

如图6-42所示，播放按钮也有三个角，那么做它的对齐工作需要注意。左边的按钮是直接点对齐的产物，看起来非常奇怪，对吧？

图6-43　有角的icon的对齐方法

记住，有角的icon要保证对齐的唯一方式是保证三个角到对应边的距离相等。如图6-43所示。

边缘有角的图形要拉长一些才能在视觉上与方形边缘的长度对齐。制作文字按钮时一定要记得调整行距。有角的icon的对齐方法是保证每个角到边的距离相等。

6.9 ● 视觉圆角

圆角也有细节？不是设置一下就好了吗？当然不是，一个简单的圆角也有很丰富的细节。我们前面说过了，眼睛看到的东西并不能尽信，先来看看图6-44中的4个圆并尝试回答哪个圆形最圆？

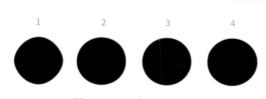

图6-44　哪个最圆？

来看这4个圆，哪个比较圆？经过笔者调查，大部分人的答案都是3和4比较圆。第一个圆有点瘦，而第二个又有点胖，都不是很圆。可以把3和4重叠起来看。实际上第3个是一个正圆形，而第4个圆被做胖了一点，并不是一个正圆，不过也正因如此，很多人会认为4才是一个正圆。

这里存在一个现象，经过一点修改（变胖）的圆对于人的肉眼来说会比正圆形显得更像正圆，来看图6-45，左边的圆是一个正圆，右手边的圆是一个经过修改的圆，可以仔细观察一下是否右边圆的给你的感觉更像正圆？

那么我们又该如何利用这种无法规避的视错觉呢？利用这一点最常见的地方就是圆角，而最常见的实例就是iOS里面的圆角了。

图6-45　右边经过修改的圆看上去更像正圆

我们平时设计常用的几款设计软件：Sketch、PS、AI提供的圆角设置用的是非常直接的计算，就是用一个物理正圆来计算你要的圆角，前文提出，人眼不会认为正圆是正圆，所以这也是你无法在软件里直接画出iOS圆角的最大原因，如图6-46所示。

图6-46　圆角过渡看上去不光滑

打开这些软件做个圆角试试看，人眼对于直线在某个点开始转成曲线是非常敏感的，软件确实使用了一个完美的正圆形来做圆角，但是给人的感受是生硬且不自然的。如图6-47所示。

如图6-48所示，这个非正圆因为胖了一些，多出来的那点正好给予了一定过渡，让直线向曲线的改变更加平顺。这也是更接近iOS圆角的制作方法。

我们把两个圆角画法放到一起比较，如图6-49所示。

圆角按钮也同样适用这一方法，如图6-50所示。

图6-47　软件用正圆做圆角

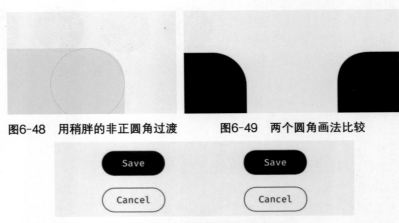

图6-48　用稍胖的非正圆角过渡　　图6-49　两个圆角画法比较

图6-50　圆角按钮的过渡画法

从零开始学UI设计
思路与技法

你的眼睛肯定能够察觉得出来右边的那组按钮的圆角看起来更圆、更自然，也更悦目。这个技法在App的icon的制作上也有大量的应用，在深入分析之前，我们来看一下下面两个icon，如图6-51所示。

图6-51　比较两个icon

左边是Sketch正圆圆角直出，右边是非正圆手动制作的icon。很明显，右边那个更接近iOS的icon，看起来非常悦目，非常舒服。业界也将绘制出这样的圆角的曲线称为拉梅曲线（Lamécurve），这是由一位法国数学家GabrielLamé发现从而命名的。如图6-52所示。

$$\left|\frac{x}{a}\right|^n + \left|\frac{y}{b}\right|^n = 1$$

其中，（$n,a,b \in R^+$）

上述方程式的解会是一个在 $x \in [-a,+a]$, $y \in [-b,+b]$ 的长方形内的封闭曲线，参数a和b称为曲线的半直径（semi-diameters）。

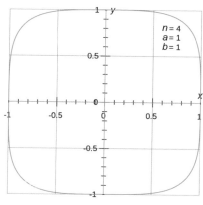

图6-52　拉梅曲线

当0<n<1时，曲线形状类似一个四角星，四边的曲线往内凹；

当n=1时，曲线形状为菱形，四个顶点为（$\pm a$,0）及（0,$\pm b$）；

当 1<n<2时，曲线形状类似菱形，四个顶点位置同上，但四边曲线往外凸，越接近顶点，曲线的曲率越大，顶点的曲率趋近无限大；

当n=2时，曲线形状为椭圆（若$a=b$，则为圆形）；

当n>2时，曲线形状类似四角有圆角的长方形，曲线的曲率在（$\pm a$,0）及（0,$\pm b$）四点为0；

当n=4时，曲线也称为方圆形；

从iOS 7起，iPhone所有的icon都基于此曲线进行设计。iOS其实还有很多这些内涵深厚的细节,需要我们进一步学习。

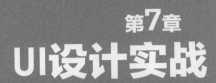

第7章
UI设计实战

当学习了前文中UI设计的知识之后，基本上已经具备了成为一名UI设计师基本的能力，当然这只是具备了基础的技能，真正成为一名优秀的UI设计师还要不断地磨炼。

7.1 ● 绘制思维导图

以笔者以前做过的一个项目为例（那时候还没有iPhone 6及以上型号，尺寸是以iPhone 5的标准来设计的），首先我们来看一下图7-1中的思维导图。

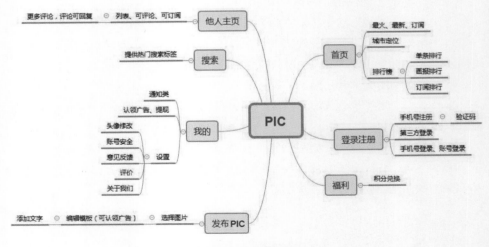

图7-1　PIC思维导图

可以通过思维导图了解一下我们要做的产品到底是什么，和领导讨论这个产品的用户群是什么人，用户的需求是什么，这个产品"痛点"是什么，然后根据目标方向来制作产品。

不难看出，这个产品的重点在于发布PIC，也就是发布自己拍摄的好看的图片，然后在发布的图片中插入广告以此来推广（当然这个由用户自由选择，也可以选择不插入此条广告）。

首页需要包括的内容：①排序的功能；②定位的功能；③图片的排行。

我的（个人中心）：①通知；②认领广告（产品核心点）；③设置。

发布：选择要发布的图片，按模板格式排列，可添加文字，完成之后发布。

7.2 ● 设计UI低保真界面

我们先来出个低保真界面，如图7-2所示。

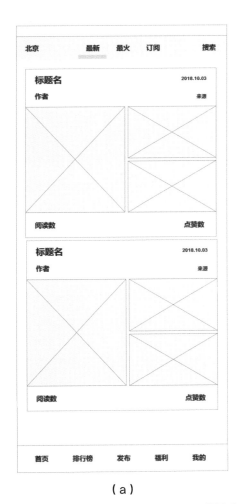

（a）

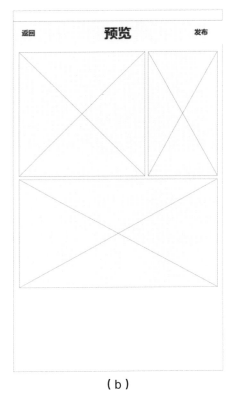

（b）

图7-2

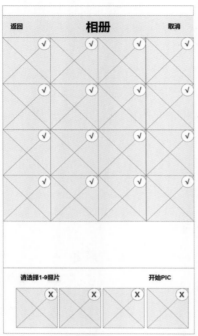

（c）

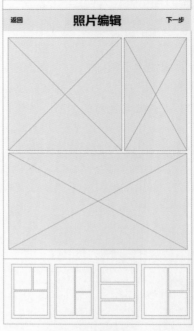

（d）

（e）

（f）

（g）

（i）

（h）

图7-2

从零开始学 UI 设计
思路与技法

（j）

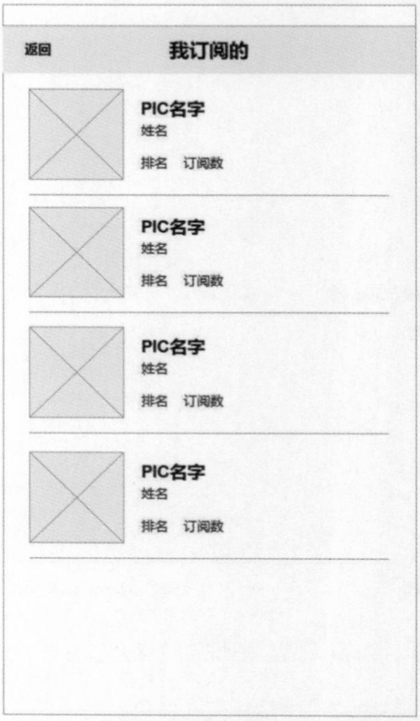

（k）

（l）

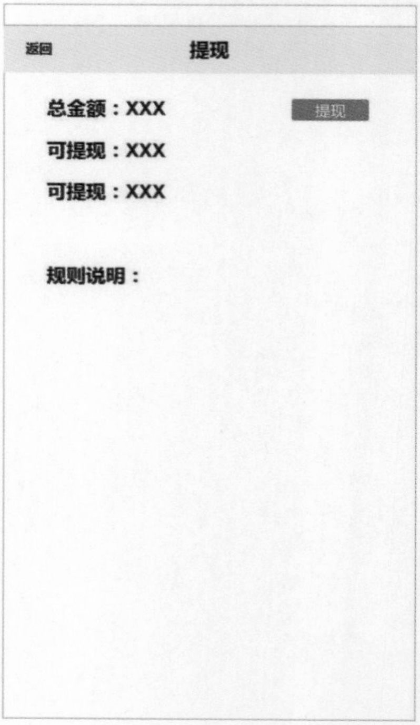

（m）

图7-2　低保真界面

以上是一个低保真的初稿，接下来测试整体流程是否符合预期的思维导图，哪里还需要讨论修改。在做低保真的时候，我们需要把整体的流程和逻辑性分析清楚，然后和产品经理、程序开发人员讨论可实施性，有逻辑上的问题或者技术实现的难点，进行微调。

等整体的低保真全部修改完成，接下来就可以进行高保真的设计，也就是完整的UI界面设计了。

有这么一个说法，UI设计师50%的时间在沟通，40%的时间在思考，10%的时间在写文档。虽然更多情况还是按照实际来决定的，不过在时间分配上，这句话倒是有道理的。

沟通交流过程中，如果冲突表现出来，这时是最需要同理心的。例如开发过程中，交互设计师突然发现技术人员将一个重要的功能不声不响地按照他自己的想法完成了，与设计师自己的设计相差还很远，而且项目节点也快到了。

在这个迫在眉睫的时候，交互设计师应该怎么办？是立刻气急败坏地冲到技术人员面前质问并要求加班加点重做；还是先冷静下来，问问技术人员这么做的原因是什么，是因为项目进度问题，还是发现实现难度过高。在进行一次良好的沟通之后，也许就会知道，技术人员这么改有可能是因为节点在即，敏捷开发先行测试上线，然后二版再进行优化迭代，他只是因为时间来不及，没有及时主动地与交互设计师进行沟通。

所以，如果当时不由分说硬逼着技术人员修改，可能会对项目进度产生影响，还可能伤害了与技术人员的感情，以后就更不好沟通了。

以上的场景可能在项目开发中期会不断出现的，不管是对程序还是设计，都是一个考验。了解原因，及时调整，才能更好地把一个产品做下去。

7.3 ● 设计UI高保真界面

下面我们来看一下，完成的高保真界面，如图7-3所示。

（a）

图7-3

（b）

（c）

（d）

（e）

（f）

（g）

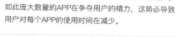
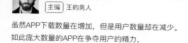
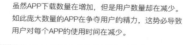

（h）

（i）

图7-3

（j）

（k）

（l）

（m）

（n）

图7-3　高保真界面

图7-4　给界面标注尺寸

当我们把高保真的界面做出来之后，基本上这个产品的1.0版本就初具雏形了，在交给程序人员做出具体的App之前，我们还需要把每个界面的尺寸标注出来，这样程序员才能根据我们的标注来做出与视觉效果一样的界面，如图7-4所示。

当然，在这个过程中肯定会有一些问题出现，比如按钮的点击样式、放的位置是否合理、展示的内容是否需要调整等，这些问题可以在程序开发过程中不间断地调整。

当这些问题都解决了之后，那么基本上就可以开始进入测试环节了，这个时候就需要运营以用户的身份参与进来，测试整体产品的流畅性和交互性，最重要的是会不会出现重大的缺陷，比如闪退、闪崩等，毕竟一个App的稳定性是产品运营的根本。

第8章

PS视频时间轴动画

PS（Photoshop）很早之前的版本就可以做动画了，不过以往都是逐帧动画，有些效果做出来并不是很方便。从Photoshop CC版本开始加入了视频时间轴，可以导入视频和音频，我们就能像做视频一样来做动画，输出视频文件了。这个设定使PS的动画制作功能迈向了一个新的高度。

以前的"帧动画"和新增的"视频时间轴"都统一放在"时间轴面板"中。和所有的视频软件一样，PS视频时间轴的最小单位是帧。"时间轴"是一个影视后期中的术语，"时间轴面板"用来编辑影片中的图层和帧的内容。如图8-1所示。

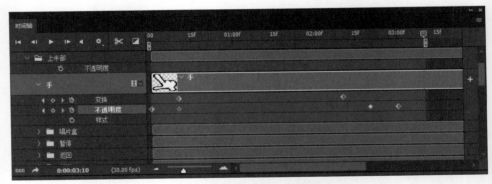

图8-1　视频时间轴工作面板

虽然PS可以导入和编辑视频和音频，并导出视频、音频文件，但由于有更专业的视频编辑软件，本章内容就不对PS的视频、音频编辑功能进行讨论了，只讨论动画功能。

8.1 · 帧的概念

这里要说明一个单位的概念，就是帧和关键帧。

帧：在常见的视频编辑软件中，比"秒"小的单位是"帧"，也就是影像动画中最小单位的单幅影像画面。一帧就是一幅静止的画面，连续的帧就形成动画（利用视觉残留现象），如电视图像等。我们通常说帧数就是在1秒钟的时间里传输图片的数量，也可以理解为图形处理器每秒钟能够刷新几次。

关键帧：顾名思义就是起关键作用的帧，相当于二维动画中的原画，指角色或者物体运动或变化中的关键动作（状态）所处的那一帧。关键帧与关键帧之间的动画软件会自动生成，叫作过渡帧或者中间帧。

在PS的视频时间轴里，每一个选项建立了第一个关键帧之后，后面的关键帧只需要改变状态就会自动建立一个关键帧。

两个关键帧距离越近，动画效果就越快；距离越远，动画效果就越慢。通常来说，人眼的频率是1秒钟24～30帧，所以一般我们会把帧率设置为25或30。

8.2 ● 视频时间轴面板介绍

8.2.1 播放控件

由4个按钮组成，分别是：转到第一帧、转到上一帧、播放、转到下一帧，这些都是用来控制时间轴的播放，如图8-2所示。

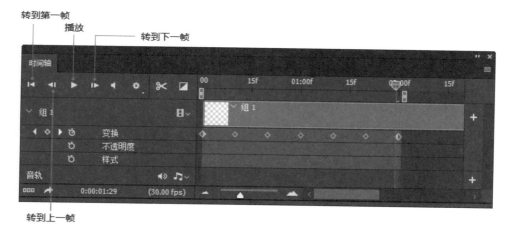

图8-2 播放控件位置

8.2.2 音频播放控制按钮

这个按钮可以用来启用和取消音频的播放，它有启动和未启动2个状态，如图8-3所示。

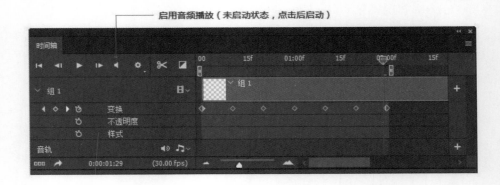

启用音频播放（未启动状态，点击后启动）

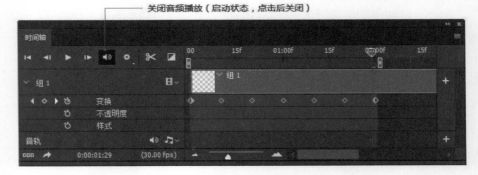

关闭音频播放（启动状态，点击后关闭）

图8-3　音频播放控制按钮

8.2.3　设置按钮

　　这里只有2个选项：分辨率设置和循环设置。分辨率设置以百分数的形式展现，用来设置动画效果在画布里播放时的分辨率，降低分辨率有助于提高性能。"循环播放"这个选项勾选后，动画会在画布里不断地循环播放；不勾选就只会播放一次。如图8-4所示。

设置回放选项

图8-4　设置按钮

8.2.4 在播放头处拆分

这个按钮可以在时间指示器所在的位置把素材拆分成2段，如图8-5所示。

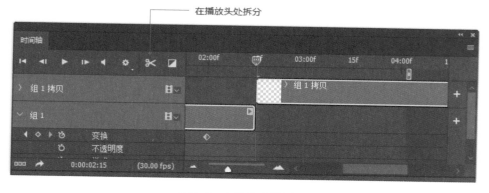

图8-5　在播放头处拆分

8.2.5 过渡效果

这个也是我们做视频的时候常说的"转场"，就是2段视频素材的过渡效果，PS里有"渐隐""交叉渐隐""黑色渐隐""白色渐隐""彩色渐隐"这5种方式，并且可以设置过渡的时间，也就是"持续时间"。

使用的时候直接拖拽至时间轴上的素材即可，此时需要2段素材在同一个"视频组"里，如图8-6所示。

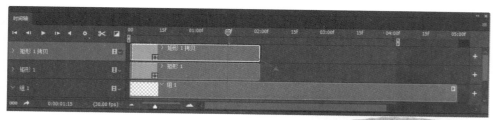

图8-6

c：自动生成视频组

d：选择渐隐类型并直接拖拽至红框内

可在此修改渐隐类型及持续时间，或删除渐隐效果

图8-6　过渡效果设置

> **小贴士：** 当PS建立视频组添加了过渡效果后，导出GIF不会有过渡效果，但是导出视频会有，所以不推荐使用这个功能，我们可以利用其他方式来模拟这个效果。

8.2.6　当前时间指示器

　　"当前时间指示器"所在的位置显示该时间点上动画播放的效果，当我们拖拽时间指示器的时候可以浏览或更改当前时间（为方便称呼，在后文中将其简称为"时间指示器"），如图8-7所示。

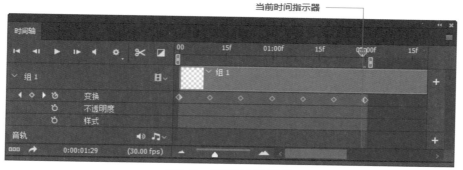

图8-7　当前时间指示器

8.2.7　时间标尺

用来指示整个工作区持续的时间和媒体、关键帧等在动画中的时间位置，如图8-8所示。

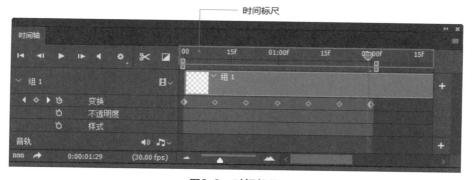

图8-8　时间标尺

8.2.8　工作区域指示器

工作区域指示器用以预览和导出视频或动画的特定部分。左边用来设置动画或视频的开头，右边设置动画或视频的结尾，可以直接拖动，如图8-9所示。

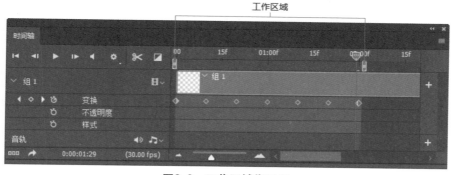

图8-9　工作区域指示器

8.2.9 面板选项卡

在这里也有很多的东西可以操作，比如更改帧率，如图8-10所示。

图8-10　面板选项卡

8.2.10 向轨道添加媒体

这里可以向工作轨道添加视频、音频或其他媒体。音频轨道只能添加视频和音频文件，如图8-11所示。

图8-11　向轨道添加媒体

8.2.11　图层持续时间条

这里显示该图层在整个动画中所持续的时间，可以直接在首尾处拖拽来更改持续时间以及开始、结束的位置，如图8-12所示。

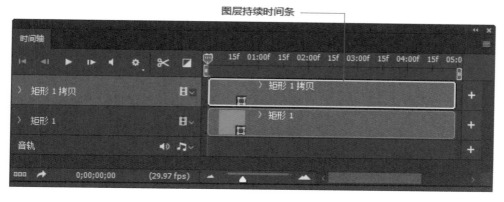

图8-12　图层持续时间条

8.2.12　向轨道添加音频

这里可以向轨道添加不同格式的音频文件，不推荐使用这个功能，大家只需要知道PS有这个功能就可以了，毕竟有专业的软件来处理音频，如图8-13所示。

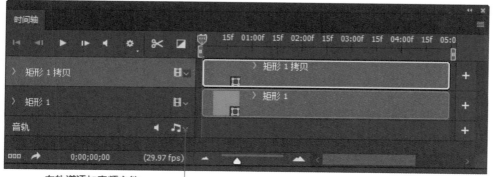

图8-13　向轨道添加音频

8.2.13　时间轴视图缩放控件

包括2个按钮和1个滑块，左边的按钮是缩小时间轴视图的，右边的按钮是放大时间轴视图的，中间是缩放滑块，往左缩小，往右放大，如图8-14所示。

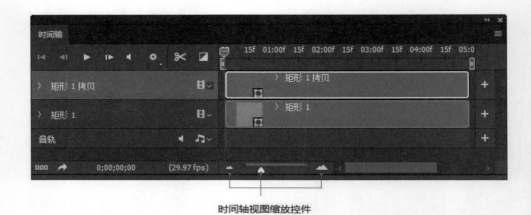

时间轴视图缩放控件

图8-14　时间轴视图缩放控件

8.2.14　帧速率

在这里显示当前文档帧的速率；若要修改帧速率，在面板选项中的"设置时间轴帧速率"处修改。如图8-15所示。

图8-15　帧速率

8.2.15　当前时间

此处显示"当前时间指示器"在时间轴上所在的时间位置，可以将鼠标移动到上面拖拽来预览动画的效果，同时时间指示器也会有相应的位置变化。如图8-16所示。

图8-16　当前时间

8.2.16　渲染视频

这个按钮可以将制作好的动画渲染成视频文件，如图8-17所示。

图8-17　渲染视频

小贴士：PS毕竟只是一个图像处理软件，不适合做处理视频，所以建议大家做视频剪辑可以用Adobe Premiere Pro，视频特效使用Adobe After Effects，音频处理使用Adobe Audition。

8.2.17 转为帧动画

视频时间轴可以和帧动画互相转化，该按钮可以让制作好的动画效果以逐帧动画的形式表现出来。如图8-18所示。

图8-18　转为帧动画

8.2.18 关键帧导航器

当添加了第一个关键帧后就有了关键帧导航器。关键帧导航器由3个按钮组成，从左到右分别是：转到上一个关键帧、添加或移除关键帧、转到下一帧。"转到上一个关键帧"和"转到下一个关键帧"可以将时间指示器转移到上一个或下一个关键帧。"添加或移除关键帧"是在时间指示器所在位置添加或移除关键帧。如图8-19所示。

图8-19　关键帧导航器

8.2.19 启用/移除关键帧

单击这个按钮时间指示器所在位置添加关键帧，或者移除该选项中的所有关键帧。如图8-20所示。

启用/移除关键帧

图8-20　启用/移除关键帧

8.2.20　折叠/展开图层关键帧选项

单击这里可以折叠或展开关键帧的选项，不操作该图层的时候可以节省时间轴的垂直空间。如图8-21所示。

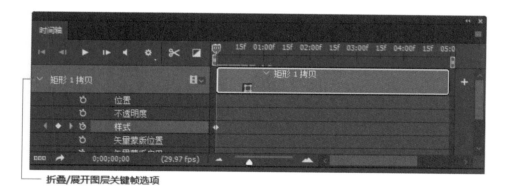

折叠/展开图层关键帧选项

图8-21　折叠/展开图层关键帧选项

8.3 · 为什么要做动画？

我们为什么要做动画呢？因为我们在做UI交互的时候，有很多的动态效果，设计师需要把这些效果展现出来，这样开发人员才能够根据我们的设计效果图来实现。但是有些时候开发人员可能没有抓住动效中的一些细节，或者对这些细节不是很明确，那么该怎么去沟通呢？

我们可以使用其他的软件来实现这些，如Sketch或Adobe Animate等，因为这些软件可以用表达式也就是代码的形式展现出来，这样开发人员就能一目了然地理解我们的动效，甚至直接调用里面的一些参数。

在UI设计中，哪些需要GIF动画呢？我们可以用在引导页上，或者加载动画，或者tab栏的图标上（QQ的tab栏图标就有动画），或者一些动效展示上也需要GIF

动画。再比如一些带社交功能的App中，有聊天的表情，也可以做成动画。

首先大家要明白的是，PS做动画要导出GIF格式，但千万别直接另存为，这样是不会动的，要存为Web所用格式的GIF。如图8-22所示。

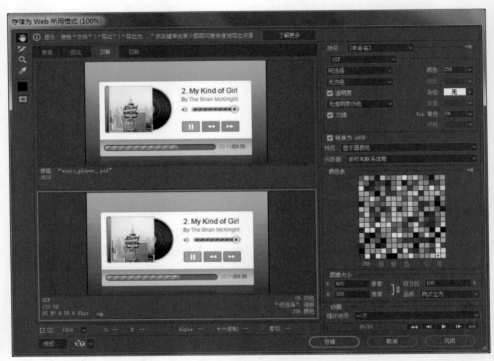

图8-22　导出GIF的正确方法

> 小贴士：如果有位移、旋转、缩放的动画建议先转智能对象，方便后期修改或加滤镜。

8.4 · 小汽车动画（位移动画）

Step1：新建500px×200px，分辨率72ppi，颜色模式为RGB的画布。

Step2：将"街道.png"和"汽车.png"两张图导入画布，单击"确定"会自动生成2个智能对象。如图8-23所示。

Step3：调整汽车素材的大小及位置（建议放在画布的左边位置并出画面），如图8-24所示。

图8-23

从零开始学UI设计
思路与技法

图8-24

Step4：建立视频时间轴，将工作区域设置为3 秒，如图8-25所示。

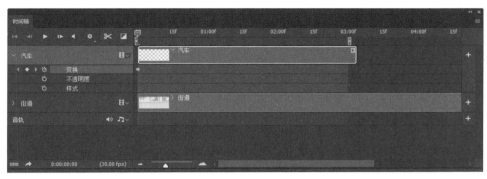

图8-25

Step5：打开汽车所在轨道的时间轴选项，在"变换"选项的0秒处建立关键帧，如图8-26所示。

图8-26

Step6：先拖拽时间指示器至3秒处，然后移动汽车到画布右边（出画）。时间轴上会自动生成一个关键帧，拖动时间指示器，或单击播放按钮，就能预览汽车移动的动画了。如图8-27所示。

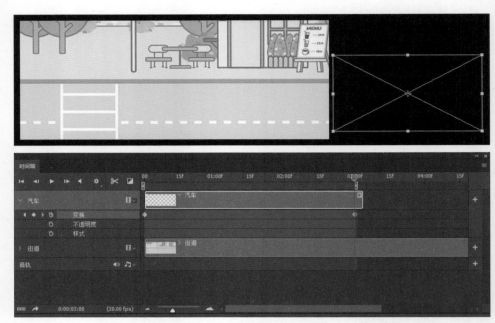

图8-27

从零开始学 UI 设计
思路与技法

　　Step7：最后导出GIF就可以了。格式选择GIF，其他默认，在下方"动画"选项中的"循环选项"中选择"永远"即可，这样动画才会无限循环播放。如图8-28所示。

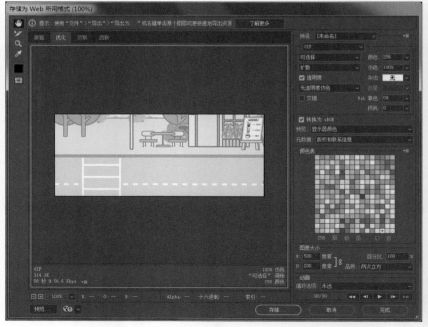

图8-28

8.5 ● 消失的飞碟（不透明度动画）

Step1：新建300px×300px，分辨率72ppi，颜色模式为RGB的画布。

Step2：将"太空.png"和"飞碟.png"两张图导入画布，单击"确定"会自动生成2个智能对象。如图8-29所示。

（a）图层内容　　　　　　　　　　　　（b）图层示意

图8-29

Step3：将飞碟素材放在画布的适当位置，建立视频时间轴，将工作区域设置为3秒，如图8-30所示。

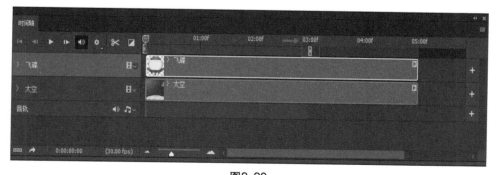

图8-30

Step4：打开飞碟所在轨道的时间轴选项，在"不透明度"选项的0秒处建立第1个关键帧，如图8-31所示。

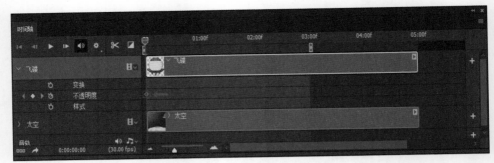

图8-31

Step5：拖拽时间指示器至1秒处，将飞碟素材的图层不透明度调为0%，时间轴上会自动生成一个关键帧。如图8-32所示。

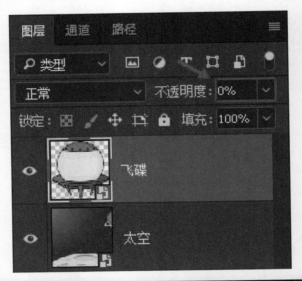

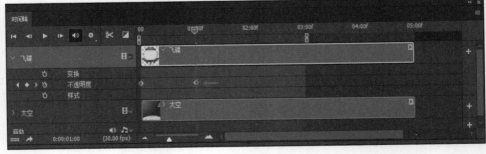

图8-32

Step6：拖拽时间指示器至2秒处，在时间轴上将飞碟素材的图层在"不透明度"选项直接添加一个关键帧，状态不做任何改变。如图8-33所示。

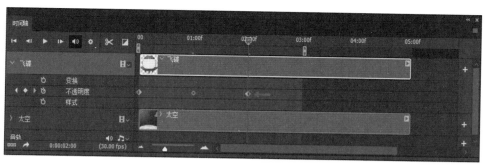

图8-33

Step7：拖拽时间指示器至3秒处，将飞碟素材的图层不透明度调为100%，时间轴上会自动生成一个关键帧。如图8-34所示。

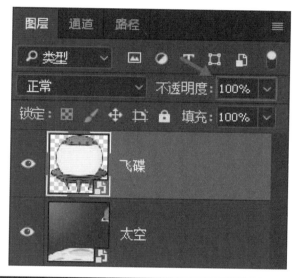

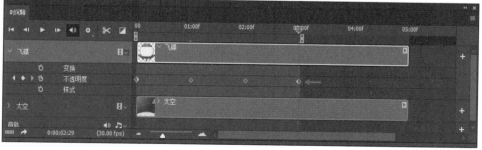

图8-34

Step8：存为Web所用格式，格式选GIF，进行适当设置（可参照8.4小汽车动画）。

8.6 • 凹陷的掌印（图层样式动画）

> **小贴士：** 图层样式的动画在"样式"这个选项里，两个不同状态的关键帧即可创建过渡的动画。但也并不是所有的都能有过渡的动画效果，在同一个样式中，有些参数的样式需要保持一致，否则会"硬切"，没有过渡效果。例如浮雕，前一个关键帧为外斜面，后一个关键帧为内斜面，两种不同的浮雕样式不会有过渡效果。
>
> 需要保持同一个状态的样式有：
>
> 浮雕：样式、方法、方向、高光和阴影的混合模式。
>
> 描边：位置、混合模式、填充类型。
>
> 内阴影：混合模式、阻塞。
>
> 内发光：混合模式、方法、源。
>
> 光泽：混合模式、反相。
>
> 颜色叠加：混合模式。
>
> 渐变叠加：混合模式、反相（反相动画只能通过渐变编辑器来做，直接勾选反相则没有过渡效果）、样式、与图层对齐。
>
> 图案叠加：混合模式。
>
> 外发光：混合模式、方法。
>
> 投影：混合模式、图层挖空投影。

在图层样式中，和光的角度有关的参数，勾选全局光的状态下会不产生动画效果或者动画效果和预想的不一样，只需要不勾选全局光即可。

Step1：新建300px×300px，分辨率72ppi，颜色模式为RGB的画布，并直接填充颜色#3d414c。

Step2：用自定义形状工具在画布中单击右键，选择掌印的形状，调整大小及位置，颜色为#3d414c。如图8-35所示（蓝色线条为路径展示）。

图8-35

Step3：把掌印所在图层命名为"掌印"，如图8-36所示。

图8-36

Step4：建立视频时间轴，将工作区域设置为1秒，如图8-37所示。

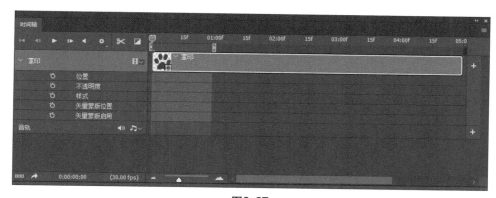

图8-37

Step5：在0秒处，给"掌印"图层的"样式"选项添加关键帧添加图层样式。如图8-38所示。

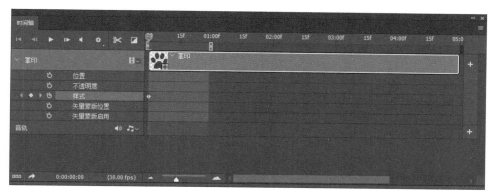

图8-38

Step6：拖拽时间指示器至15帧的位置，给"掌印"图层添加图层样式，时间轴上将自动添加关键帧。如图8-39所示。

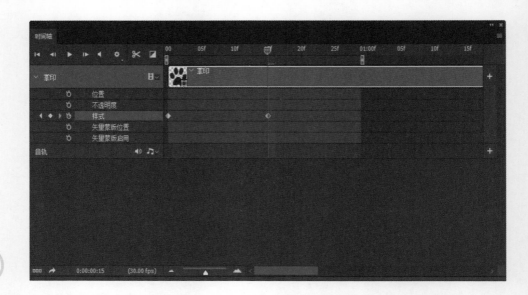

从零开始学UI设计
思路与技法

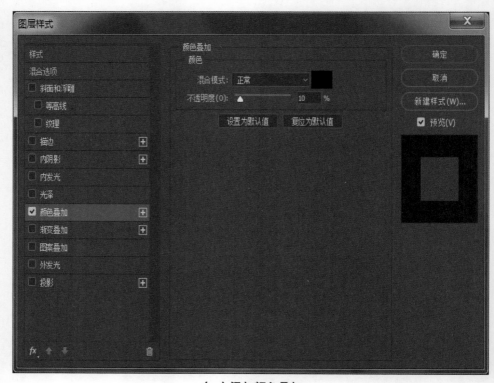

（a）添加颜色叠加

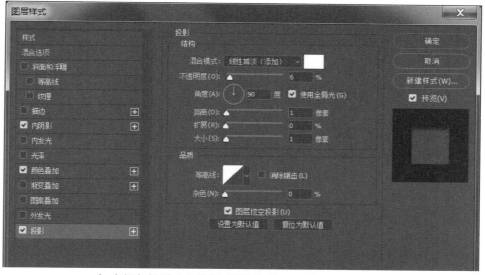

（b）添加内阴影

（c）添加投影（此处用"投影"的图层样式来做高光）

（d）效果预览

图8-39

Step7：拖拽时间指示器至1秒的位置，把所有样式的不透明度调为0，时间轴会自动生成关键帧。最后导出GIF格式即可。

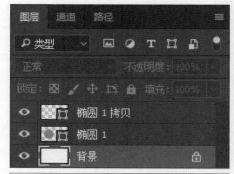

8.7 ● loading加载 （缩放动画）

step1：新建360px×200px，分辨率72ppi，颜色模式为RGB的画布。

Step2：用椭圆工具画一个直径为120px的圆，颜色为红色。再画一个直径为120px的圆，颜色为蓝色。如图8-40所示。

图8-40

Step3：分别将这两个圆转换为智能对象，并且将图层重新命名一下。红色圆形命名为"红"，蓝色的圆命名为"蓝"。如图8-41所示。

Step4：建立视频时间轴，将工作区域设置为2秒，如图8-42所示。

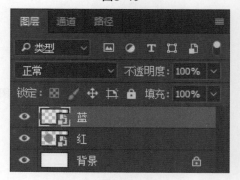

图8-41

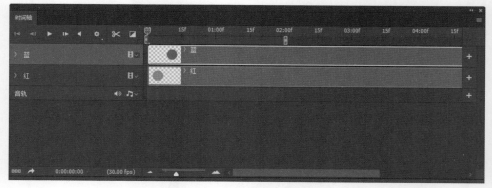

图8-42

Step5：将左边红色的圆，按快捷键Ctrl+T自由变换，在属性栏设置变换中心点为中间，锁定"保持长宽比"，把大小调为原来的30%。如图8-43所示。

图8-43

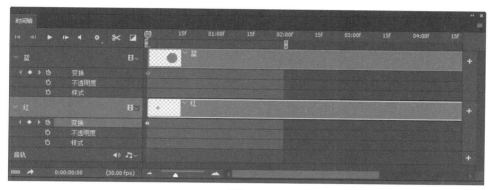

图8-44

Step6：建立视频时间轴，在0秒处分别给2个圆在"变换"选项添加关键帧。如图8-44所示。

Step7：拖拽时间指示器至1秒的位置，把左边红色的圆形按快捷键Ctrl+T自由变换调整至初始大小；将右边的按圆快捷键Ctrl+T自由变换缩小至原来的30%；时间轴上将自动生成关键帧。如图8-45所示。

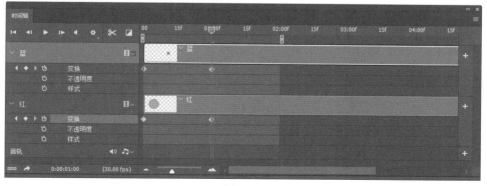

图8-45

Step8：拖拽时间指示器至2秒的位置，将左边红色的圆形，按快捷键Ctrl+T自由变换，把大小调为原来的30%；将右边蓝色的圆，按快捷键Ctrl+T自由变换，把大小调为原来的100%；时间轴上将自动生成关键帧。最后导出GIF格式即可。如图8-46所示。

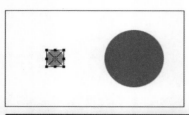

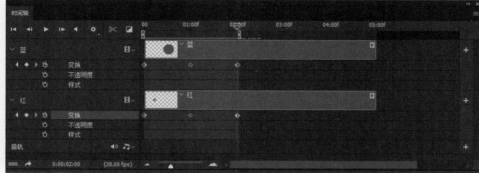

图8-46

拖动时间指示器或单击播放按钮，就能预览两个圆大小变化的动画了。

小贴士：

1. 做缩放动画的时候建议先做出尺寸较大的状态，把大尺寸缩小。不要先做小尺寸，然后放大，这样会模糊。只能大缩小，不能小放大。

2. 缩放只能由智能对象来实现，形状图层和像素图层则无法实现缩放。

8.8 • 找找找（蒙版动画）

当我们给图层添加蒙版后，会多2个选项，分别是"蒙版位置"和"蒙版启用"，这个和蒙版属性有关。添加图层蒙版增加"图层蒙版位置"和"图层蒙版启用"；添加矢量蒙版则增加"矢量蒙版位置"和"矢量蒙版启用"。

小贴士：蒙版位置可以产生动画，蒙版启用则不产生动画。

Step1：新建400px × 300 px，分辨率72ppi，颜色模式为RGB的画布。

Step2：将"风景"素材导入画布，转智能对象，调整为原来的100%大小。按

快捷键Ctrl+J把"风景"图层复制一层，适当缩小，执行高斯模糊，模糊值为6～
8。如图8-47所示。

　　Step3：将"放大镜"导入画布，调整大小及位置，如图8-48所示。

图8-47

图8-48

　　Step4：给"风景-模糊"添加图层蒙版，把放大镜的镜片范围内用黑色填充
（选区、画笔等均可）。如图8-49所示。

图8-49

　　Step5：建立视频时间轴，将工作区域设置为4秒，如图8-50所示。

图8-50

Step6：选择"风景-模糊"图层，解开蒙版和图层的链接。如图8-51所示。

Step7：在0秒处，"放大镜"图层的"变化"选项添加关键帧；"风景-模糊"图层的"图层蒙版位置"添加关键帧。如图8-52所示。

Step8：拖拽时间指示器至2秒的位置，把放大镜往左移动一定的距离（记住这个距离）。如图8-53所示。

Step9：选中"风景-模糊"图层的图层蒙版，如图8-54所示。

解开图层和图层蒙版的链接

图8-51

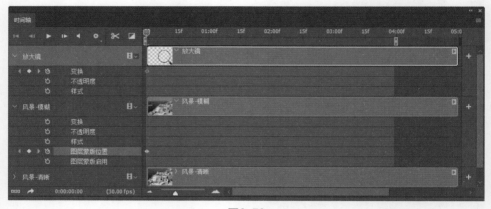

图8-52

图8-53

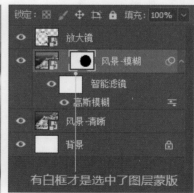

图8-54

Step10：移动蒙版，移动的方向和放大镜移动的距离、方向相同，时间轴上相关选项会自动生成关键帧。如图8-55所示。

Step11：拖拽时间指示器至4秒的位置，把放大镜和图层蒙版调回初始的位置，时间轴上相关选项会自动生成关键帧。如图8-56所示。

图8-55

图8-56

最后导出GIF即可。

8.9 · 镜头切换（过渡动画）

前面讲过，当我们在时间轴上将两个图层都拖拽到同一个轨道的时候，在图层面板会生成一个视频组，这个时候加入过渡效果可以让前一层过渡到下一层。过渡相当于影视后期里的"转场"，用于两段视频之间的过渡。

如果两个非视频素材图层各自单独占一个轨道，那么两个层不产生过渡效果。使用的时候直接拖拽至时间轴上的素材即可，需要2段素材在同一个"视频组"里。如果是视频素材，一个层也能生效。

过渡效果无法导出GIF格式，我们只能通过其他方式来模拟。过渡效果导出视频格式的时候才会有效。

Step1：新建300px×300px，分辨率为72ppi，颜色模式为RGB的文档。

Step2：把"摩天轮"和"夕阳"导入到这个文档里。如图8-57所示。

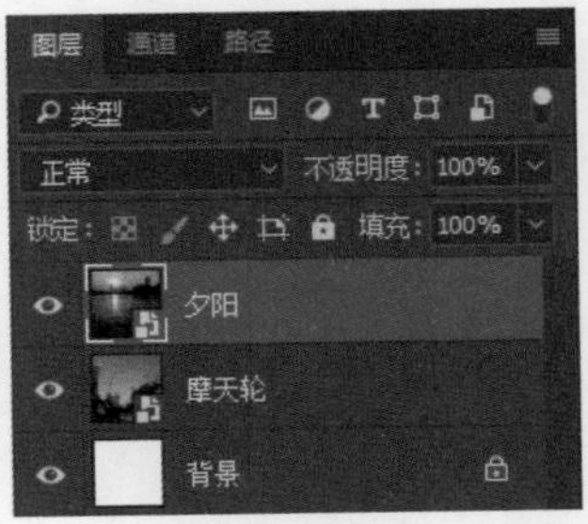

Step3：建立视频时间轴，把工作区域调整为3秒，并把两段素材时间长度调为1秒15帧。如图8-58所示。

图8-57

Step4：把"摩天轮"的素材在时间轴上往"夕阳"的轨道上拖，此时会自动生成"视频组"。如图8-59所示。

图8-58

图8-59

Step5：选择需要添加的渐隐效果，直接拖拽到两段素材的中间，释放鼠标即可添加渐隐效果。如图8-60所示。

Step6：单击播放按钮即可预览效果。

从零开始学 UI 设计
思路与技法

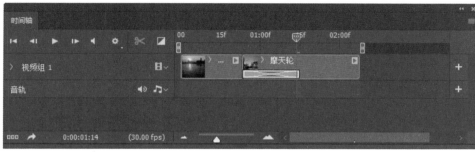

图8-60

小贴士： 如果想要修改、删除渐隐效果，直接在渐隐处单击鼠标右键即可。如下图所示。

过渡的效果有以下几种：

渐隐：前一个图层（A图层，下文中相同）逐渐变透明直至消失，后一个图层（B图层，下文中相同）逐渐从完全透明到完全不透明。

交叉渐隐：A图层逐渐变透明透出B图层，B图层保持不变。

黑色渐隐：A图层逐渐变成黑色，直到完全变成黑色，再逐渐从黑色变成B图层。

白色渐隐：A图层逐渐变成白色，直到完全变成白色，再逐渐从白色变成B图层。

彩色渐隐：A图层逐渐变成自定义颜色，直到完全变成该颜色，再从该颜色逐渐变成B图层。

我们还能设置渐隐的持续时间和起止时间，如下图所示。

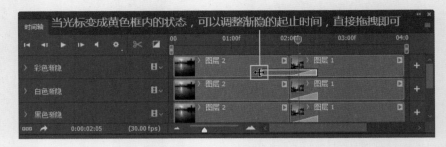

小问题：大家想一下，如果既要渐隐效果，又要导出可用的GIF格式，该怎么办？用什么样的方法来模拟这种渐隐效果？

8.10 ● 播放器动画（综合案例）

8.10.1 思路构想

以音乐播放器为案例，如何使这个图成为一个动画。可以做这样的一个设定：出现手势—调整音量—手势消失。也可以用电影中分镜的形式先把各个"镜头"展示出来，如图8-61所示。

有了这样一个思路之后，可以把这几个"镜头"连接起来，使之成为一个连贯的动画。

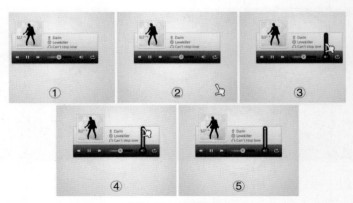

图8-61　展示镜头

① 初始画面；② 手势出现；③ 手放到音量条上；④ 调整音量；⑤ 手势消失

8.10.2 软件实现

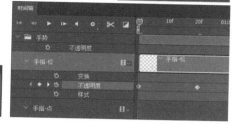

Step1： 打开"播放动画.psd"和"手势.psd"两个PSD格式文件，把"手指-点"和"手指-松"这两个图层从"手势.psd"文件中导入"播放动画.psd"中，并建立图层组，然后隐藏"手指-点"图层，如图8-62所示

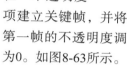

图8-62

Step2： 选中"手指-松"图层，在第一帧和20帧的地方分别在"不透明度"项建立关键帧，并将第一帧的不透明度调为0。如图8-63所示。

图8-63

Step3： 在第25帧处的"变换"项建立关键帧，然后把当前时间指示器拖拽至1秒15帧，然后把"手指-松"图层移动到如图8-64所示的位置，时间轴上会自动建立关键帧。

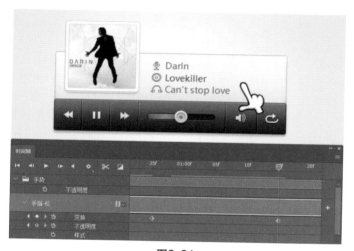

图8-64

Step4： 把当前时间指示器稍微往回拨一点，大概在1秒08帧或09帧的地方把"音量.psd"打开，将里面的"音量选中"这个图层组导入"播放动画.psd"中。如图8-65所示。

Step5： 把当前时间指示器拖回1秒15帧处，给"手指-松"图层添加图层蒙版，此时时间轴选项上会多出两个蒙版的项，给蒙版填充黑色，这样图层就不可见了。在"图层蒙版启用"这个项上添加关键帧，回到第1帧处，也添加关键帧，

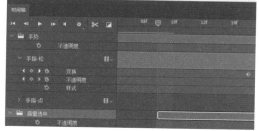

图8-65

按Shift键并单击图层蒙版中的"停用图层蒙版"，这样图层内容又显示出来了。如图8-66所示。

图8-66

Step6：将"手指-点"的图层在时间轴上的起始位置拖拽到1秒15帧处。如图8-67所示。

Step7：把当前时间指示器拖到1秒20帧处，给"手指-点"这个图层在"变换"项上添加关键帧，然后把当前时间指示器拖到2秒10帧处，把"手指-点"往上移动一定的距离（记住这个距离的数值，后面还要用到）。如图8-68所示。

图8-67

图8-68

    Step8：把"手指-点"这个图层在时间轴上的结束时间设置在2秒12帧处。如图8-69所示。

    Step9：把当前时间指示器拖拽到2秒12帧处，给"手指-松"图层的"图层蒙版启用"项添加关键帧，往上一定的距离，这个距离与"手指-点"图层移动的距离相等。然后按Sihft键单击"手指-松"的图层蒙版，停用图层蒙版。如图8-70所示。

图8-69

图8-70

从零开始学UI设计 思路与技法

Step10：把当前时间指示器拖回1秒20帧处，选中"音量滑块"图层，在"变换"项建立关键帧，然后把当前时间指示器移动到2秒10帧处，并且移动"音量滑块"的位置，距离和方向与"手指-点"这个图层一致，移动后时间轴上会自动添加关键帧。如图8-71所示。

图8-71

Step11：再把当前时间指示器拖回1秒20帧处，选中"音量条"图层，解开图层和蒙版的链接（蒙版已经事先做好了），单击图层蒙版之间锁链图标即可。如图8-72所示。

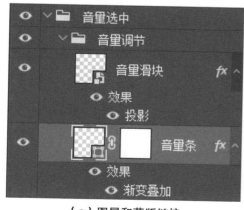
（a）图层和蒙版链接

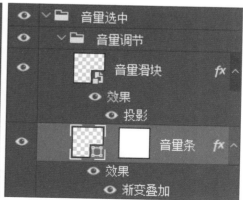
（b）图层和蒙版解开链接

图8-72

Step12：在1秒20帧处，给"图层蒙版位置"项上建立关键帧，选中"音量条"的图层蒙版（注意是选中蒙版而不是图层）。如图8-73所示。

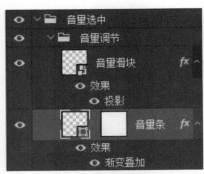
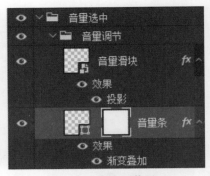

（a）选中的是图层　　　　　　（b）选中的是蒙版

图8-73

Step13：把当前时间指示器移动到2秒10帧处，向上移动图层蒙版，移动的距离和"手指-点"这个图层一致。此时时间轴会自动添加关键帧。如图8-74所示。

图8-74

Step14：选择"手指-松"图层，在2秒20帧处添加"不透明度"关键帧，把当前时间指示器拉到3秒10帧处，把图层不透明度调为0，并把工作区域的结束点调到3秒20帧处。如图8-75所示。

图8-75

Step15：最后预览一下，没问题了导出GIF格式即可。

小贴士：

1. 这个案例中的音量条的蒙版动画也可以用渐变动画来实现，大家可以思考下渐变如何实现这样的动画效果。

2. 案例中还隐藏了一个没有提到过的小变化，大家仔细观察下，看看是哪里？

第9章
PS帧动画

PS（Photoshop）中的帧动画通常用来做一些简单的动效或者一些简单的表情包，每一个变化都是通过一个个帧来实现的，但这也会导致可能会有多个图层，不方便后期修改。本章为大家简要介绍利用PS帧动画做UI设计。

9.1 ● 面板介绍

PS中的帧动画面板如图9-1所示。

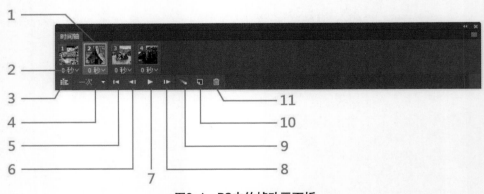

图9-1　PS中的帧动画面板

1-当前帧；2-帧延迟时间；3-转换为时间轴动画；4-循环选项；5-选择第一帧；6-选择前一帧；
7-播放动画；8-选择下一帧；9-过渡动画帧；10-复制所选帧；11-删除所选帧

（1）当前帧

和图层一样，选中某一帧的时候会和没选中的帧有些许区别。

（2）帧延迟时间

可设置当前帧在播放过程中的持续时间。

（3）转换为时间轴动画

从时间轴模式逐帧动画转换为视频时间轴动画。

（4）循环选项

设置动画在导出GIF格式以及时间轴面板预览时候的播放次数。

（5）选择第一帧

单击这个按钮可以从当前帧跳转到第一帧，并将第一帧作为当前帧。

（6）选择前一帧

单击这个按钮可以从当前帧跳转到前一帧，并将前一帧作为当前帧。

（7）播放动画

单击这个按钮，可以在时间轴上预览动画效果；若要停止播放，再次点击这个按钮即可。

（8）选择下一帧

单击这个按钮可以从当前帧跳转到下一帧，并将下一帧作为当前帧。

（9）过渡动画帧

在相邻两帧之间添加帧用以过渡，单击之后会跳出对话框，在对话框内设置参数即可。这个有点像AI里的混合或者FL（现在为AN，Adobe Animate）里的补间动画。如图9-2所示。

图9-2　过渡动画帧

（10）复制所选帧

和图层面板一样的小图标，单击之后复制当前帧，并将复制后的新一帧作为当前帧。

（11）删除所选帧

删除选中的帧。

帧动画更适合做逐帧动画，大部分的帧都是"关键帧"，很多QQ表情就是用这种逐帧动画的形式做出来的。

9.2 • "吐司小哥"表情包设计

9.2.1　思路构想

首先我们需要一个卡通形象，但是最好不要用已有的卡通形象。这里分享一个小技巧，有些动画片中的主角是一个物体，可以把它经过拟人化的艺术处理，添加上鼻子和眼等。我们也可以把身边一些事物作为创作的原型，运用拟人化的手法创造出一个鲜活的卡通形象来。

图9-3　"吐司小哥"表情包

那天笔者在吃早饭，于是想了想，为何不把吐司面包作为案例呢？于是就有了"吐司小哥"这个卡通形象的表情包。如图9-3所示。

要让卡通形象动起来，不能只制作一帧，表情要有一个变化的过程。先是普通的或者微笑的表情，然后看到什么有些惊讶，眨了眨眼，等反应过来更惊讶了（此时感叹号会闪一下）。有这么一个递进的过程会比单纯的"惊讶"表现得更为"惊讶"。

9.2.2 软件实现

Step1：把吐司小哥的身体画出来，放在一个图层组里，命名为"身体"，身体是不会有什么变化的，所以这个图层组一直保持可见就可以了。如图9-4所示。

Step2：五官和手根据不同的表情分别放在不同的图层组里，一个状态一个图层组。可以暂且隐藏所有图层组，只显示"身体"这一组。如图9-5所示。

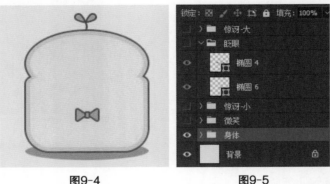

图9-4   图9-5

Step3：随后建立帧动画，第1帧显示"微笑"图层组，画布内容显示卡通形象的"初始状态"。把第一帧的延续时间设置为1秒。如图9-6所示。

图9-6

Step4：复制当前帧，把"微笑"图层组隐藏，显示"惊讶-小"这一组。把这一帧的延续时间设置为0.5秒。如图9-7所示。

图9-7

Step5：复制当前帧，把"惊讶-小"图层组隐藏，显示"眨眼"这一组。把这一帧的延续时间设置为0.1秒。如图9-8所示。

图9-8

Step6：复制当前帧，把"眨眼"图层组隐藏，显示并展开"惊讶-小"这一组，将其中的"形状3"图层隐藏。我们会看到右上角的效果线消失了，同时把这一帧的延续时间设置为0.1秒。如图9-9所示。

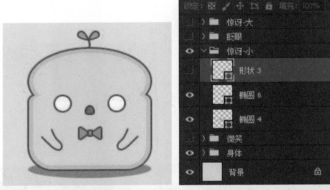

图9-9

Step7：复制当前帧，把"惊讶-小"图层组隐藏，显示"眨眼"这一组，把这一帧的延续时间设置为0.1秒。如图9-10所示。

图9-10

从零开始学UI设计
思路与技法

Step8：复制当前帧，把"眨眼"图层组隐藏，显示"惊讶-小"，把这一帧的延续时间设置为0.5秒。这里设置为0.5秒似乎"吐司小哥"正在反应过来。如图9-11所示。

图9-11

Step9：复制当前帧，隐藏"惊讶-小"图层组，显示"惊讶-大"，并把里面所有的图层都设置为可见，将这一帧时间设置为0.2秒。如图9-12所示。

图9-12

Step10：复制当前帧，隐藏"惊讶-大"里的"椭圆8"图层，我们会看到感叹号消失了。将这一帧时间设置为0.2秒。如图9-13所示。

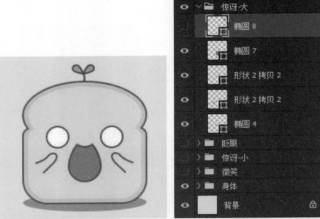

图9-13

Step11：把第7帧和第8帧重复一遍，最后定格在有感叹号的状态，时间设置为1秒。如图9-14所示。

从零开始学 UI 设计

思路与技法

图9-14

    Step12：把循环选项设置为"永远"，播放一下看效果，有问题再调整，没问题按快捷键Ctrl+Alt+Shift+S存为Web所用格式，导出的格式选择GIF，其他默认，循环选项为"永远"，最后储存即可。

    这样，一个表情就做好了。每一帧都需要手动设置，虽说帧动画也有过渡效果，但是后期修改很不方便，所以不推荐使用（对于Photoshop CS6及以下版本没有视频时间轴的情况下，这个功能倒是很好用）。

小贴士：帧动画可用做任何类型的动画，但关键帧在帧之间的过渡并不自然，而且修改非常麻烦；视频时间轴虽然关键帧在帧之间的过渡很流畅，但是一些"硬切"的动画还是需要图层来实现，从某些角度来说不是很方便。

PS做动画只能做一些简单、机械的，一旦要做一些动感很强的动画，PS的劣势就明显地表现出来了，所以推荐大家可以使用AE或AN（Flash的升级版）来做。

如果是做类似MG动画风格的，推荐使用AN，因为用AE会显得大材小用，而且从图层管理的角度来说AN更加方便。

大家可以在AI中把造型做好，然后导入AE或AN中再做动画。

如今App的数量越来越多，用户对App"颜值"的要求也越来越挑剔，所谓"六分努力，三分运气，一分贵人相持，剩下的九十分全靠脸"，为了能更好地吸引用户，满足用户对App"颜值"的需求，插画在App中的运用也越来越多。

插画在App中的应用最常见的就在引导页和启动闪屏上，优秀的App有时候会在空白页上也使用插画，使画面不再单调和无聊，增加用户黏合度。

10.1 ● 插画的概念

插画在国内有一个很通俗的名字——插图，英文称为"illustration"，是源于拉丁文的"illustrio"，意思是"照亮"，插画可以让文字内容变得更清晰和明确。

插画不仅可以增加文章的趣味性，使文字更加生动形象地出现在读者的脑海里，加深读者对文章的印象。插画更可以突出主题思想，增加文章的艺术感染力。

插画在设计行业的运用越来越多，例如书籍报刊、电商广告、平面设计、网页设计、移动UI等。插画的表现形式也是多种多样的，艺术风格更是百家争鸣。

还没找到心仪的商品吗？

图10-1　空白的"购物车"页面
上的小插画

空白的"购物车"页面配上小插画后，原本空白的页面变得生动起来，画面更有趣味性，从而提高用户体验，如图10-1所示。

10.2 ● 插画灵感的获取

对于刚入门的新手而言，可以从模仿开始，模仿他人优秀的艺术表现形式（注意，是模仿，而不是抄袭，模仿只作为个人学习之用），用于自己的创作之中。那灵感如何获取呢？从笔者的经验来说，可以参考色彩构成中的采集和重构两个方法。

10.2.1 采集

　　首先是采集，这是获取灵感的第一步，可以从现实生活中的事物入手，我们可以把采集理解为写生。写生是直接面对对象进行描绘的一种绘画方法，简单来说就是将现实中真实存在的事物，比如静物、花卉、风景、建筑、人物等进行艺术化处理，使之成为一幅插画，然后进行再创作。

（1）自然界采集灵感

　　大自然为艺术家们提供了无限的素材，古今中外艺术家们创作的作品太多都是以大自然为对象。如图10-2所示。

（2）从民间艺术中采集灵感

　　所谓民间艺术，是指掌握了特定的传统风格和艺术技巧的广大人民所创造的艺术、手工艺和装饰性事物，包括建筑、绘画、刺绣、壁画、玩具、民间陶瓷、民族服饰等，民间艺术品色彩丰富，有着纯真质朴的品质，也有民族和地域风情。如图10-3所示。

图10-2　自然界采集灵感

图10-3　从民间艺术中采集灵感

（3）从传统元素中采集灵感

　　传统元素指的是一个民族世代相传，从历史传承下来的创作元素，被大多数国内外的人所认同的，凝结着国家民族传统文化精神的形象、符号或风俗习惯。不同时期的艺术作品、建筑、人文、服饰等都会有明显的差异。例如我国的汉服（汉服指的是汉民族传统服饰，并非汉朝的服饰）、瓷器、丝绸等，这类元素都是带有时代烙印的艺术品。如图10-4所示。

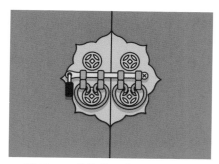

图10-4　从传统元素中采集灵感

（4）从文化艺术中采集灵感

我们也可以从影视、摄影、戏剧、绘画、音乐等作品中获取灵感，把原有的元素通过观察和学习进行分解、组合、再创造的构成手法，用自己独特的艺术形式（或模仿、借鉴他人优秀的艺术表现形式）重新分析，再创造，从而形成一个新的作品。如图10-5所示为笔者的作品。

（5）从生活中的元素采集灵感

生活的元素包括桌子上的静物、房间的布置等，都可以是我们创作的对象。如图10-6所示。

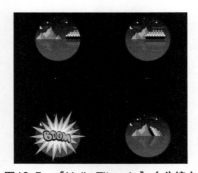

图10-5　《Hello Titannic》（分镜）
（笔者作品地址：https://dribbble.com/shots/3496066-Hello-Titanic-Dribbble）

图10-6　从生活中的元素采集灵感

10.2.2　重构

在色彩构成中，打散原来色彩组成的色性和构成形式，保持原来的主要色彩关系与色块面积比例关系。保持主色调、主意象的精神特征，色彩气氛与整体风格。

重构的意义在于将原物象美的、新鲜的色彩元素注入到新的结构体、新的环境中，使之产生新的生命。

了解了色彩构成中重构的解释和意义，我们就可以把它运用到插画中。我们可以从采集中提取部分元素，用我们喜欢的方式组合起来，通过自己的想象，经过艺术加工，使之成为一幅有意思的插画。如图10-7所示。

图10-7　商店和植物的结合，商店被缩小，仿佛置身于"小人国"之中

10.3 ● Adobe Illustrator简介

绘制插画时通常使用PS、AI、SAI、Painter等专业工具软件。对于手绘功底不强或者没有手绘功底的同学来说，可以选择AI或PS两款软件。Adobe Illustrator

（简称AI）绘制相对方便，而且矢量图形可以无限缩放。

既然提到AI，不得不说"矢量图"和"位图"这两个概念。

矢量图也称为面向对象的图像或绘图图像，它是根据点和线（直线或曲线）的几何特性来绘制图形的。矢量图的优点是数据量小，无限缩放、旋转都不会失真；缺点是不太好表现层次丰富的色彩。

位图在百度百科的解释是：也称为点阵图像或栅格图像，是由称作像素（图片元素）的单个点组成的。这些点可以进行不同的排列和染色以构成图样。当放大位图时，可以看见构成整个图像的无数单个方块。扩大位图尺寸的效果是增大单个像素，从而使线条和形状显得参差不齐。然而，如果从稍远的位置观看它，位图图像的颜色和形状又显得是连续的。

位图的优点是相对矢量图，更容易实现层次丰富的色彩和质感，很多软件都可以识别、编辑；缺点是一旦缩放图像质量就会下降，而且数据量大。

10.3.1 工作界面（本文中的AI版本为CC 2018）

AI的工作界面如图10-8所示。

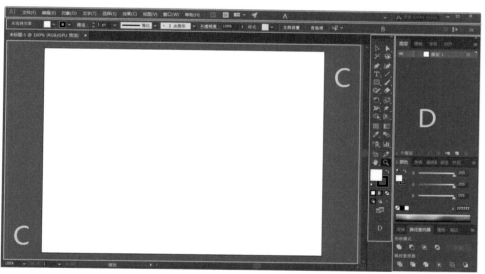

A：菜单栏，包括AI里所有的操作指令，有些还有很多的子菜单。
B：属性栏，根据工具不同显示的内容也不同。
C：画布，可包含多个画板。
D：控制面板，不同的面板有不同的作用，可实现不同的操作效果。

图10-8　AI的工作界面

10.3.2 文档新建和输出

在绘图的时候，第一步都是新建文档，根据不同的需要建立不同的文档属性。和PS一样，如果载体是互联网或其他电子设备，那么颜色模式为RGB，分辨率为72ppi；如果用于印刷或打印之类，要根据不同的需要设置不同的分辨率，颜色模式为CMYK。

① 名称。在输入框里新建文档的名称，将文档命名。文档命名方便快速检索；同时，专业的命名方式也可以方便团队其他人员快速识别文档属性。

② 配置文件。根据不同需要来快速设置文档。如果需要其他设置，选择"自定"来进行设置。

③ 画板数量。在一个文档中，可以有多个画板，可以根据喜好或某个规范来设置画板的排列方式以及画板的间距和列数。

④ 大小。这里有很多不同的尺寸可供选择，不同尺寸针对不同配置文件的文档大小。也可以根据自己的需要来设定宽度和高度。

⑤ 出血。也叫出血位，实际应该叫"初削"，是一个常用的印刷术语。它指的是印刷的时候为了保留画面有效内容而留出来一部分方便裁切的部分。所以出血线要超过画面预设的尺寸。印刷的时候常用的出血线为上、下、左、右各3mm，例如一个册子尺寸为200mm×200mm，那么算上出血，应该是206mm×206mm。

⑥ 颜色模式。颜色模式指的是颜色的不同数字模型，不同的颜色模式对应不同的载体。AI里有RGB和CMYK两种颜色模式，RGB模式用于网络或以屏幕为载体。如果需要打印、印刷等要制作成实物的，那么就要用CMYK模式。（对于UI应用来说，颜色模式为RGB，分辨率72ppi就可以了。）

⑦ 保存和输出。AI也提供很多的保存格式，大家按照需要来保存即可，常用的格式后缀有".ai"和".eps"。当AI导出JPG、PNG的时候，如果有多个画板，可以选择导出所有画板或者其中几个画板，如图10-9所示。

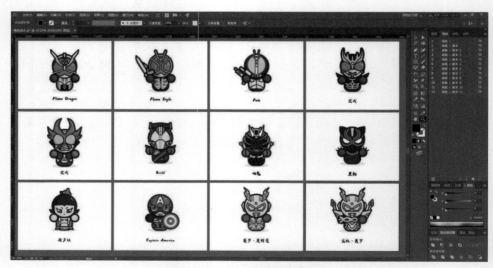

图10-9　有多个画板的文档

小贴士： 在导出的时候也可以选择需要的格式，勾选"使用画板"，那么导出的文件就是以画板的数量和各个画板的尺寸来输出的。如果不勾选，导出的文件就会以文档中全部元素的边界来导出。如下图所示。

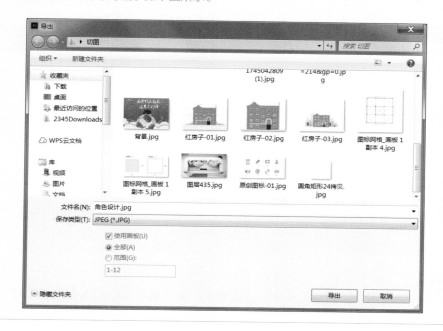

10.3.3 钢笔工具

AI和PS里的钢笔工具都很重要，我们可以利用钢笔工具来绘制直线和曲线，而且也可以很方便地对路径进行精确的控制和编辑。钢笔工具是AI里一个使用非常频繁的工具。

（1）直线的绘制

选择钢笔工具，在画布中直接单击鼠标左键，得到一个锚点，再到其他位置单击，得到第二个锚点，两个锚点之间会自动生成一条线。当按Ctrl键单击空白处或者选择其他工具就能结束

图10-10　用钢笔工具绘制直线

绘制。也可以再到其他位置单击，得到第三个锚点，然后单击第一个锚点，可以闭合路径。如图10-10所示。

（2）曲线的绘制

选择钢笔工具，在画布中直接单击，可以得到一个锚点，再到其他位置单击，得到第二个锚点，这个时候不要松开鼠标，直接拖拽，直线就变成了曲线，可以用曲线平衡杆来控制曲线。如图10-11所示。

图10-11　用钢笔工具绘制曲线

（3）添加/删除锚点

当我们需要在两个锚点之间再添加一个锚点的时候，在工具栏选择"添加锚点工具"，在两个锚点之间单击一下就可以了。

对于想删除的锚点，在工具栏选择"删除锚点工具"去单击想要删除的锚点就可以删除该锚点了。如图10-12所示。

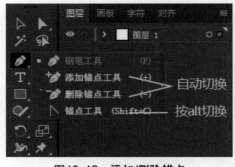

图10-12　添加/删除锚点

（4）曲线和直线的转换

我们可以用转换点工具在锚点上进行单击，可以直接把曲线变成直线。当要把直线变成曲线的时候，用转换点工具去拖拽这个锚点，锚点位置不会发生变化，但是会从直线变成曲线。

> **小贴士：** 在选择钢笔工具的时候，把鼠标放在两个锚点之间的线上，会自动切换到"添加锚点工具"；把鼠标放在某一个锚点上，会自动切换到"删除锚点工具"；按Ctrl键会切换到"直接选择工具"，也就是我们常说的"小白箭头"；按Alt键就可以切换到转换点工具。

10.3.4　剪刀工具

剪刀工具可以在一个形状轮廓的任意地方单击，就可以将这条路径"剪断"，变成一条或两条（点的越多，断开的越多）不闭合路径。如图10-13所示。

10.3.5　形状工具

形状工具里包括矩形工具、圆角矩形工具、椭圆工具、多边形工具、星形

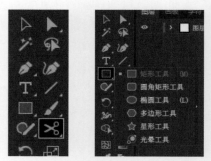

图10-13　剪刀工具　图10-14　形状工具

工具和光晕工具。大部分工具使用起来和PS是非常接近的。如图10-14所示。

10.3.6　吸管工具

AI的吸管工具是一个神奇的工具，和PS不同的是它可以复制很多内容，而不是单纯某一个像素的色值。双击吸管工具，会出来很多可选内容，如图10-15所示。

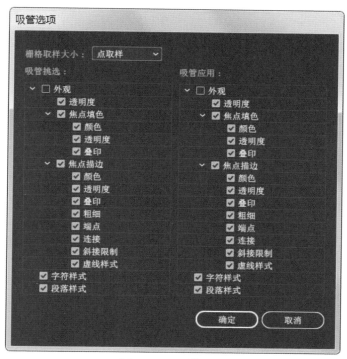

图10-15　吸管工具

10.3.7　混合工具

混合工具可以对图形和颜色做渐变处理（在平面构成中，形状也可以做渐变，叫作渐变构成，渐变构成指的是基本形或骨骼逐渐地、有规律地循序变动）。我们可以在多个图形或颜色之间做混合，混合后也可以对对象进行编辑和调整。

（1）混合对象

Step1：混合的建立。如图10-16所示，给这两个图形建立混合。

先用混合工具单击黄色的圆形，再单击红色的星星，就能建立混合了（或者选中两个对象，执行"对象—混合—建立"）。如图10-17所示。

Step2：修改混合效果。如果想对混合后的效果进行修改，可以双击混合工具，会跳出一个设置对话框，勾选"预览"来进行实时预览，然后根据自己的喜好或实际需求更改即可（或者执行"对象—混合—混合选项"）。如图10-18所示。

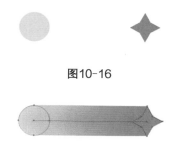

图10-16

图10-17

图10-18

（2）替换混合轴

Step1：可以让混合随着一条特定的路径进行变化。先建立混合并绘制一条路径，如图10-19所示。

Step2：然后选中混合效果和路径，执行"对象—混合—替换混合轴"。如图10-20所示。

（3）释放/扩展混合

释放混合是将混合后的效果还原成最初的两个图形。扩展是保留混合后的效果，但是去掉混合的属性，将过渡中的每一个元素独立出来可以单独编辑和选择。

①释放混合。选中混合后的效果，执行"对象—混合—释放"，如图10-21所示。

②扩展混合。选中混合后的效果，执行"对象—混合—扩展"（或"对象—扩展"），如图10-22所示。

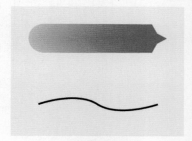

图10-19

10.3.8 渐变工具

渐变在AI里是非常重要和常用的工具，但是并不是非用不可，是否使用、该怎么使用都根据实际情况来定。AI中的渐变工具需要配合着渐变面板来做，渐变工具为图形添加渐变。

（1）渐变的类型

AI中渐变只有线性渐变和径向渐变2种，线性渐变是颜色呈直线变化，径向渐变是颜色呈放射状变化。已经编辑好的渐变可以直接在渐变面

图10-20

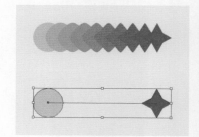

图10-21

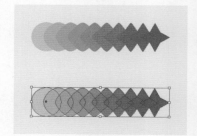

图10-22

板的"类型"选项中更改渐变类型。如图10-23所示。

（a）线性渐变

（b）径向渐变

图10-23　渐变的两种类型

（2）渐变色的编辑

　　渐变颜色的编辑和PS一样，直接双击色标会出来一个设置框，在设置框里调整即可。如图10-24所示。

图10-24　渐变色的编辑

如果要更改颜色的模式，单击黄色箭头所指的图标即可。如图10-25所示。

图10-25　更改颜色模式

小贴士： AI的渐变工具在颜色的吸取上确实没有PS方便，所以建议大家如果不印刷的话可以使用HSB模式来调色，这样比较方便。

两个颜色之间的过渡可以通过调整色标之间的距离。直接在渐变面板里单击就可以增加色标。删除可以先选中色标，然后单击垃圾桶图标，或者直接向下拖拽色标也可以删除。渐变颜色的更改只需要双击色标即可，如图10-26所示。

图10-26

也可以直接利用渐变工具进行渐变的编辑，如图10-27所示。

图10-27

10.3.9 对齐面板

对齐面板在AI里是非常重要的面板之一，它可以帮助我们将对象对齐、贴合和分布。打开"窗口—对齐"就能调出对齐面板，如图10-28所示。

看起来似乎只有对齐和分布功能，没有"贴合"功能，打开面板选项，单击"显示选项"会有"分布间距"，利用这个就能将两个对象贴合了，或者让两个对象保持固定的距离。如图10-29所示。

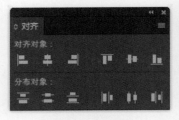

图10-28　对齐面板

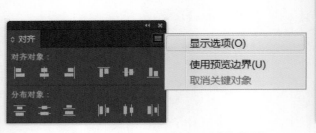

图10-29

Step1：绘制对象，如图10-30所示。

Step2：选择所选对象，如图10-31所示。

Step3：操作类型。

如果分布间距为0，则可以使其他对象贴齐所选对象。如图10-32所示。

Step4：最终结果如图10-33所示。

我们可以看到，如此操作后，蓝色矩形的底部和紫色矩形的顶部在同一条水平线上。同样的方法，我们还能让两个对象在垂直线上左右贴齐，甚至让它们有部分重叠，只需要将数值设为负数即可。如图10-34所示。

图10-30　　　　　图10-31

图10-32

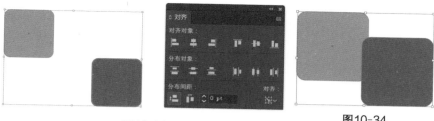

图10-33   图10-34

10.3.10 变换面板

变换面板如图10-35所示。

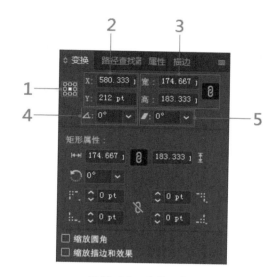

图10-35 变换面板

1-变化中心点；2-坐标；3-宽和高；4-变化角度；5-倾斜角度

（1）变化中心点

红框内就是变化中心点，和PS的自有变化一样，在变化的时候会有一个九宫格的变化中心点可以选择。当然也可以自定义变化角度的任意位置，利用旋转工具即可。

（2）坐标

面板中的X和Y参数就是该对象在画布中的坐标。

（3）宽和高

宽和高是对象的尺寸。单击后面的"锁链"图标，变化宽和高两个里的任意一个，另一个也会相对应发生等比变化。

（4）变化角度

"∠"这个符号是指变化的角度，可以输入任意数值来做旋转变化。如果为了方便，也可以使用旋转工具，或者直接选中对象旋转即可。旋转参数是为了能方便我们快速、精确地调整角度。

（5）倾斜角度

调整这个参数，可以使对象变得倾斜。注意不要和"角度"搞混了，在软件里，"角度"和"倾斜"是不一样的，以下用一张图来说明，如图10-36所示。

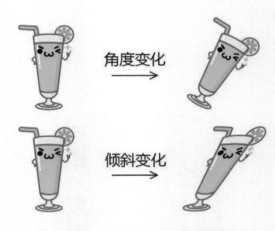

图10-36　"角度"和"倾斜"的区别

变换面板的参数，根据形状的不同也会略有变化，而且在变换面板中会带有对象的一些属性。如图10-37所示。

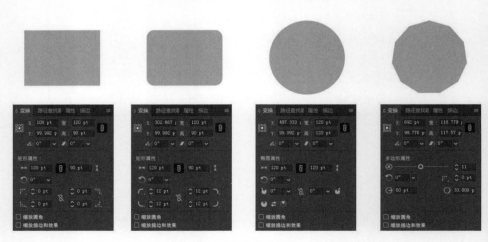

图10-37

星形工具、光晕工具和钢笔勾出来的自定义形状是没有这些形状属性的。另外，群组的对象也是没有形状属性的。

圆角半径、描边粗细和效果可以随着对象尺寸的变化而进行相应的变化，只需要勾选即可。

10.3.11　路径查找器

路径查找器其实就是AI里的"布尔运算"，可以进行图形的组合方式。路径查找器分为两部分，分别是"形状模式"和"路径查找器"，如图10-38所示。

图10-38　路径查找器

（1）形状模式

从左往右分别是：联集、减去顶层、交集、差集。

联集：将多个形状组合成一个形状，保留最顶层的对象样式作为新对象的样式，如图10-39所示。

减去顶层：上一层的形状减去下一层的形状，保留下一层的对象样式作为新对象的样式，如图10-40所示。

图10-39　联集　　　　　　　　　　图10-40　减去顶层

交集：两个形状合并后只保留重叠的部分，保留上一层的对象样式作为新对象的样式，如图10-41所示。

差集：两个形状合并后，去掉重叠的部分，保留上一层的对象样式作为新对象的样式，如图10-42所示。

图10-41　交集　　　　　　　　　　图10-42　差集

（2）路径查找器

从左往右分别是：分割、修边、合并、裁剪、轮廓、减去后方对象。

分割：两个形状组合后，彼此重合的部分进行分割，原本的样式不变，比如保留原本的颜色和描边。重合部分的颜色和描边跟随上一层的形状样式。如图

10-43所示。

修边：下一层形状和上一层形状的重合部分会被上一层的形状减去，但是保留各自的颜色和描边，如图10-44所示。

图10-43　分割　　　　　　　　　　　　　图10-44　修边

裁切：保留两个形状重合部分和上一层没有和下一层重合的部分。两个形状重合的部分颜色和描边跟随下一层的形状；上一层没有和下一层重合的部分则没有描边和填充，只有路径。如图10-45所示。

轮廓：形状组合后，没有描边和填充，它只是一段一段的路径（结果的橙色线段是为了方便观察后期加的），如图10-46所示。

图10-45　裁切　　　　　　　　　　　　　图10-46　轮廓

减去后方对象：和"减去顶层"一样，不过是下一层的形状减去上一层的形状，颜色和描边跟随上一层的形状。如图10-47所示。

图10-47　减去后方对象

小贴士：在"形状模式"中，按Alt键可以使两个形状建立复合路径，这样方便修改，就像PS里做布尔运算一样。

10.3.12　图像描摹

可以利用AI把位图快速、便捷地转为矢量图。只需要适当地调整一些参数就能把位图通过"图像描摹"功能转为矢量图。

先导入一张位图，然后在属性栏单击"图像描摹"即可。如图10-48所示。

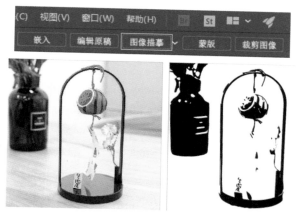

图10-48　图像描摹初步效果

可以看到这个效果和我们所想象的似乎相差甚远，还需要修改一下。执行"窗口—图像描摹"命令，调出"图像描摹"面板，在面板中设置参数来调整画面的效果。记得要勾选"预览"，这样才能实时查看效果。如图10-49所示。

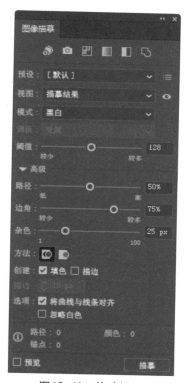

图10-49　修改设置

不知道大家有没有注意到属性栏"图像描摹"按钮右边有个小的倒三角图标，里面有不同的效果可供选择，如图10-50所示。

图10-50　不同描摹效果

10.3.13 实时上色

实时上色是AI中专门针对颜色（纯色，而不是渐变或图案）编辑而开发的一个功能。实时上色在一定程度上可以跳过"布尔运算"的步骤，使上色更加方便快捷。

（1）实时上色工具

实时上色工具会自动识别由路径形成的闭合区域，然后自动变成封闭区域，并快捷地给该区域编辑颜色。如图10-51所示。

先绘制几个图形，图形要有重合部分，如图10-52所示。

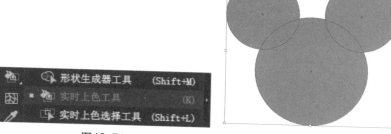

图10-51　　　　　　　　　　　　　图10-52

然后用"实时上色工具"单击对象，会跳出实时上色工具的提示框，如图10-53所示。

更改工具栏中填充的颜色，然后用实时上色工具单击需要更改颜色的区域，如图10-54所示。

实时上色工具对于整片地编辑颜色会比较方便，它会根据路径形成的封闭区域来区分各个区域，我们在绘制的时候要注意路径的闭合。

图10-53

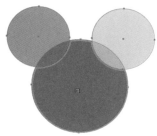

图10-54

（2）实时上色选择工具

用实时上色选择工具可以选择需要编辑颜色的区域，然后直接调整工具栏的填充颜色即可。如图10-55所示。

按Shift键可以多选区域，和多选对象的方式是一样的，如图10-56所示。

图10-55　选择实时上色工具　　　　图10-56　多选区域

10.4 ● 信手拈来的素材——写生

在用写生的方法完成一幅插画的时候，一般的过程是：取景—手绘草图—完善草图—软件绘制—最后修饰。

当我们外出看到有意思的东西时（可能是建筑，也有可能是人或其他事物、事件），要及时把它记录下来，尤其是在旅游的时候，有意思的事物更是多见。

Step1：取景。如图10-57所示，这座红房子相对其他建筑很是抢眼，可以拍照记录，作为插画的素材。

图10-57　拍照片作为插画素材

Step2：手绘草图。手绘草图可以帮助我们对绘制对象的理解，包括结构、光影和透视。当然，也有很多人会跳过这个步骤，因为他们对结构、光影和透视已经非常熟悉了。不过建议刚开始学插画的朋友从手绘开始，以免在软件绘制的过程中做过多不必要地修改。

手绘草图时可以画一个大体的轮廓，定好对象的长宽比例、各组成部分的位置和相对比例（这是一个需要不断练习的过程，不是几张画或者几天的练习就能解决的）。如图10-58所示。

Step3：完善草图。草图的轮廓出来后，就要对它进行完善了，尤其是一些细节。先把轮廓线修整得明确一些，不要模棱两可。

然后添加一些细节，墙面砖块的纹理可以不用添加，我们在软件里添加就可以了。窗户的细节（如窗帘），还有房间里的一些摆设我们也可以在软件里添加。房间里的摆设不用很细致，用剪影的形式来表现就够了。如图10-59所示。

把树和路灯也手绘出来，我们可以分开绘制，这样作画的空间大一些，最后放在一起即可，但是一开始就要定好大概的位置。或者先画一个大体的构图样稿，然后把里面的元素分开去画。如图10-60所示。

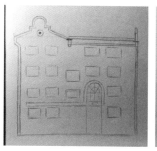
图10-58　手绘草图

图10-59　完善草图

图10-60　分开绘制树和路灯

Step4：软件绘制。在软件中绘制和手绘草图的步骤相似，先把大体的造型绘制出来，区分各个部分的颜色，根据草图来定好位置，然后添加一些细节并绘制光影。如图10-61所示。

以下是软件绘制的具体过程：

（1）外轮廓

这次我们绘制的对象是建筑物，可以用最基本的几何图形来搭建"模型"。如图10-62所示。

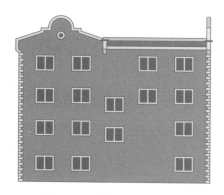
图10-61　软件绘制效果图

注意对齐，可以用"对齐所选对象"这个功能来进行对齐。例如以顶部的圆形为基准，选中圆形和矩形后，再单击圆形使其成为对齐的基准。这个时候我们会看到圆形的轮廓线会变粗。如图10-63所示。

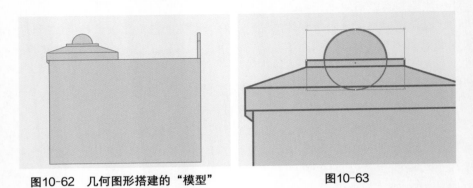

图10-62　几何图形搭建的"模型"　　　　　图10-63

选中圆形作为基准后，在打开对齐面板使两者进行"水平居中对齐"，剩下的部分也都是用这样的方法来进行不同的对齐。如图10-64所示。

随后我们选中全部的几何图形，除了右上角的那两个图形，打开"路径查找器"，执行"联集"命令，相当于PS的"合并形状"。如图10-65～图10-67所示。

右上角图形部分的圆角处理，用"直接选择工具"（小白箭头）框选中上方两个锚点，然后调整"边角"。如图10-68和图10-69所示。

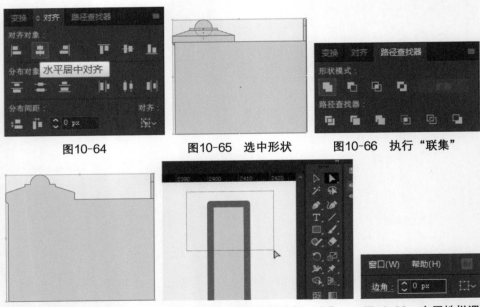

图10-64　　　　图10-65　选中形状　　　　图10-66　执行"联集"

图10-67　"联集"之后　　图10-68　用"直接选择工具"　　图10-69　在属性栏调
　　　　　　　　　　　　　框选部分锚点　　　　　　　　整边角大小

设定边角大小为4px，并复制一个出来置于下方并往上挪一定距离。如图10-70所示。

需要注意的是，这个功能在Photoshop CC 2015版本开始才有，Photoshop CC 2014及以下版本需要通过"布尔运算"来调整（或者用"效果—风格化—圆角"也可以，只是要注意元素的先后关系）。

选中图形中面积最大的一部分，选择"菜单栏—对象—路径—偏移路径"，如图10-71所示。

在弹出的对话框中勾选"预览"，只修改"位移"，其他默认。位移的数值正数为扩大，负数为缩小。这里选择数值为－10px，让图形缩小一些。如图10-72所示。

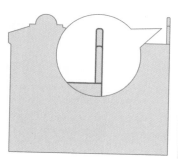

图10-70　右上角图形示意

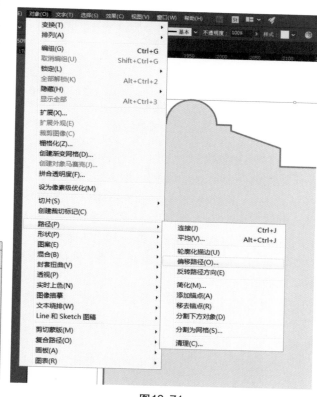

图10-71

**图10-72　偏移路径参数设置，
记得勾选"预览"**

用"直接选择工具"（小白箭头，下文都将直接选择工具称为小白箭头）框选下方的两个锚点，和面积大的色块底对齐。如图10-73所示。

下面把缩小后的色块给它添加一个砖块的纹理，做出砖墙的感觉，如图10-74所示。

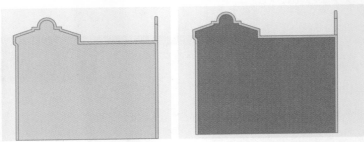

图10-73　对齐底部锚点　　　　图10-74　砖墙效果

（2）砖墙的绘制

①先画一个16px×8px的矩形，描边和其他一样，填充颜色为#E08265，并且多复制几个，例如排列出一个6×4的格子。如图10-75所示。

②然后将第2排和第4排水平移动8px（左右均可）。如图10-76所示。

③随后可以像在PS里一样，找一个最小的"循环单位"，用来做类似PS里"图案叠加"的效果。用PS里的思路，我们发现其中一个"最小循环单位"如图10-77所示。

④找到之后需要验证一下是否正确。我们可以沿着水平和垂直的方向多复制几个该"最小循环单位"，看是否能拼出我们想要的图形，如果不能就继续找；如果找对了就可以进行下面步骤。

我们发现这个"最小循环单位"是由3个砖块拼接而成的，所以选取其中3个"砖块"即可。如图10-78所示。

⑤单击"对象—图案—建立"，在弹出的对话框里做参数设定就可以了。如图10-79和图10-80所示。

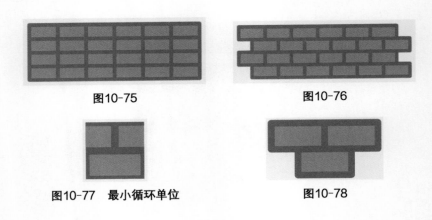

图10-75　　　　　　　　　　　图10-76

图10-77　最小循环单位　　　　图10-78

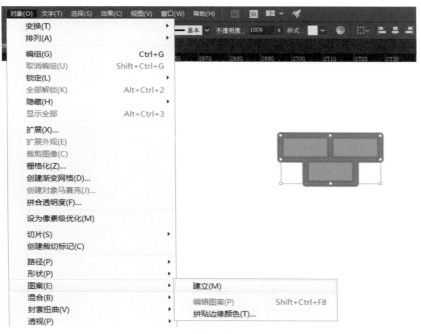

图10-79

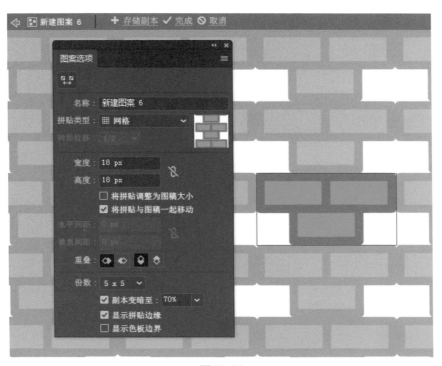

图10-80

⑥由于之前我们所画的矩形为16px×8px，所以在这里宽度和高度都设置为18px，其他默认就可以了。然后在上面"存储副本""完成"和"取消"3个选项中单击"完成"就可以了。

⑦随后选择需要添加"砖块"的部分，打开"色板"面板，直接单击之前建立的图案就可以了。如图10-81所示。

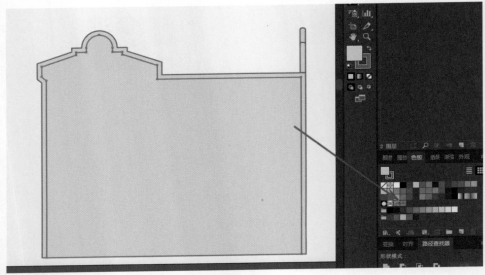

图10-81

⑧添加完纹理之后我们发现砖块纹理的描边颜色太重了，修改描边的颜色后再重新定义一次，直到满意为止。

⑨选中两个砖墙和外面灰色的面，按快捷键Ctrl+G群组一下。效果如图10-82所示。

不知道大家发现没有，在AI中的图案定义和PS中的图案定义的思路其实是一样的，只是软件实现的方式稍有不同而已。所以我们在设计或绘画的过程中思路和思维方式才是最重要的。思路正确，软件的实现就会变得相对简单很多，毕竟软件只是一种工具而已。

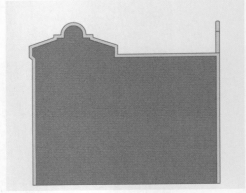

图10-82　绘制完毕

（3）绘制两边的灰色砖块

①先用矩形工具画一个14px×8px的矩形，填充和描边与外圈一致，可以用吸

管吸一下颜色，并将其放在墙角的位置。如图10-83所示。

②选中砖块，单击右键，选择"变换—移动"，水平方向参数为0，垂直方向为－14px，其他默认，记得勾选"预览"（参数我们可以通过滚轮）。如图10-84所示。

图10-83　灰色砖块摆放位置

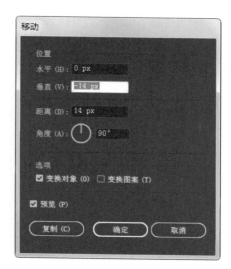

图10-84　"移动"设置

③参数设置完成后，不要点"确定"，要单击"复制"，然后不断地按快捷键Ctrl+D，直到我们认为可以为止。复制完成后把这些砖块全部选中，然后按快捷键Ctrl+G群组一下，并复制一个放在右边。如图10-85所示。

（4）右上角屋檐

这部分都是几何图形的组合，注意位置即可，如图10-86所示。

图10-85　放置左右两边的砖块

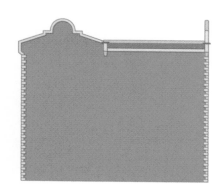

图10-86　添加右上角屋檐

（5）窗户的摆放

窗户和上部圆形的位置根据草图来摆放，注意要在草图的基础上做得更加严谨和细致。如图10-87所示。

（6）窗户的排列

窗户排列好之后，把楼下的大门及其装饰也做好。如图10-88所示。

图10-87　窗户依次排列好

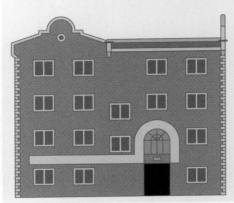

图10-88　大门及其装饰做好

到了这个步骤，其实造型基本上已经完成了，剩下就是细节优化了。大门上面灰色的门头部分造型也是用最简单的几何图形，经常用以下2个方法来做。

方法1：

①先画出一个圆形，里面再画一个小圆形。如图10-89所示。

②选中这2个圆形，打开"路径查找器"，单击"减去顶层"，使之变成一个圆环。如图10-90所示。

③画一个矩形，将这个圆环遮盖下面一半，选中圆环和矩形，在"路径查找器"里单击"减去顶层"，使圆环的下半部被减去。如图10-91所示。

图10-89

图10-90

图10-91

④在半个圆环的下方放置几个矩形，矩形宽度和圆环的宽度相等，摆好门头的造型。随后在"路径查找器"里单击"联集"（相当于PS里的"合并形状"）。如图10-92所示。

方法2：

①先画一个圆形，描边位置为"居中"，填充去掉不要。如图10-93所示。

②用小白箭头（直接选择工具）选中圆下方的锚点，键盘上按Delete键删除，再把描边加粗。如图10-94所示。

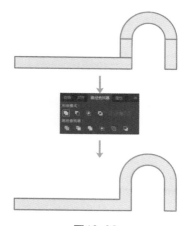

图10-92

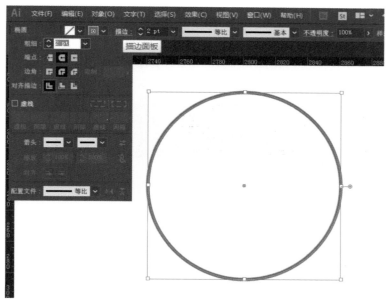

图10-93

图10-94

③用钢笔工具在半圆形的左边的锚点点一下，该步骤相当于PS里的"挑选路径"。将半圆形垂直延长，再水平往左一定距离点一下（可按住Shift键）。如果想要画一条不闭合的路径，在画完最后一个点的时候按住Ctrl键单击空白处即可。如图10-95所示。

④同样的，在右边也将半圆形垂直延长，如图10-96所示。

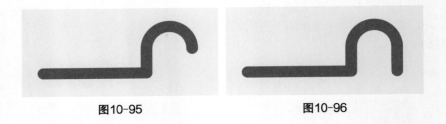

图10-95   图10-96

⑤调整下描边的端点和边角，端点选第1个或第3个样式，边角选第1个样式。如图10-97所示。

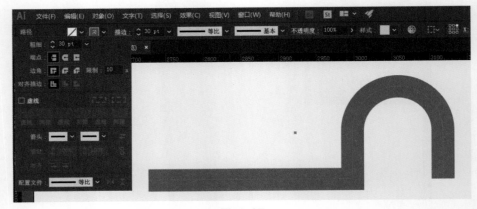

图10-97

⑥由于右边的端点稍微高了点，我们需要改动一下。选中这条路径，执行"对象—扩展"，在弹出的对话框里勾选"描边"，然后"确定"。这样我们就把描边转成了填充。如图10-98所示。

⑦用小白箭头，选中如图10-99所示的3个锚点，打开"对齐面板"，选择"垂直底对齐"（端点选第3个样式就可以省掉这个步骤）。

⑧用吸管工具去吸取一下房子的灰色砖块部分，这样就完成了，如图10-100所示。

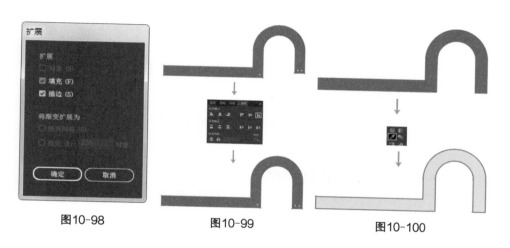

图10-98　　　　　　图10-99　　　　　　图10-100

⑨处理完门头之后，再把玻璃的部分加上，还有门牌号和大门，这样雏形就完成了。如图10-101所示。

（7）细化窗户

窗户的造型要简练一些，把窗户的开合和窗帘做出来。如图10-102所示。

图10-101

图10-102

（8）右上角的屋檐

①把屋檐右上角的部分元素复制一份出来（粘贴的时候不要按快捷键Ctrl+V，要按快捷键Ctrl+F原位粘贴）。如图10-103所示。

②选中这部分所有的元素，按快捷键Ctrl+G建立一个组，并将描边和填充的颜色改为黑色。如图10-104所示。

③按快捷键Ctrl+Shift+[将群组的黑色移动到底层，并向下移动一定距离。如图10-105所示。

④更改不透明度为30%。如图10-106所示。

⑤用同样的方法，把窗户和门头的投影加上。这样，红房子就画好了，如图10-107所示。

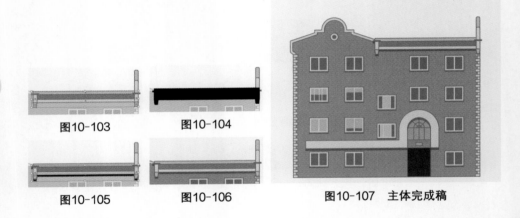

图10-103   图10-104

图10-105   图10-106

图10-107　主体完成稿

（9）最后修饰

最后，我们整体看一下哪里需要补充。背景也是很重要的一个组成部分，好的背景可以衬托主体，烘托整体氛围，有着画龙点睛的作用。例如在房子旁边加一些路灯和植物，再加一些城市的剪影作为远景，天空加一些云的轮廓，这样可

图10-108　添加修饰

以丰富画面，也不会抢了主体的"风头"。如图10-108所示。

10.5 • 宁波街景——重构在插画中的运用

重构，需要把各个不同的素材打散，选取其中某些元素，再把这些元素和谐地放置在一起，任何一个元素不能有不和谐的感觉。例如图10-109中的宁波街景（艺术风格模仿了追波的Fabricio Rosa Marques的风格）笔者选取了5个建筑：鼓楼、甬江大桥、某酒吧、某银行大楼和财富中心。

图10-109　宁波街景

（1）首先是拍摄取景

用真实的建筑作为灵感的来源和参考依据，然后把几张照片导入PS中进行"合成"，这里不需要做得很细致，只要比例、透视大致正确就可以，色调、光影可以忽略。如图10-110所示。

（2）在本子上手绘草图

在草图绘制的时候，我们要把很多细节进行选择性的忽略或者概括，不能把所有的元素都往上加，如图10-111所示。

图10-110　灵感"合成"

如果所有的元素都完整地呈现出来，就是超写实绘画了，而不是我们所讨论的插画。

手绘可以选择用纸笔在本子上绘画，也可以选择用数位板在软件中绘制。手绘稿画过一遍之后，对绘制的对象有一个整体的了解，知道各个部分该怎么去处理，哪里概括，哪里细致。

图10-111　手绘草图

（3）**软件实现**

Step1：画出建筑框架。

根据手绘稿，在AI中先画框架，把各个建筑先确定好颜色基调以及相互之间的比例。如图10-112所示。

Step2：完善建筑内容。

建筑的框架确定之后，就可以把建筑的内容丰富一下，把窗户加上去。如图10-113所示。

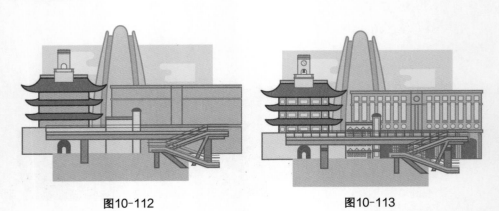

图10-112　　　　　　　　　　　　　　图10-113

Step3：路上的元素。然后把路上的元素也增加一些，如汽车、植物和路灯，如图10-114所示。

Step4：完善细节。把鼓楼来作为重点刻画对象，因为这是宁波的地标性建筑。但也不能过于刻画，毕竟是在后面的，注意"近实远虚"的透视原理。在这样的矢量绘画中，不适合对元素直接进行模糊处理，我们可以通过降低对比来让元素变得"模糊"一些，甚至刻意忽视。如图10-115所示。

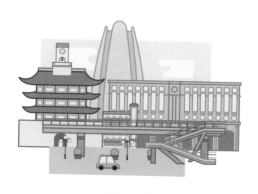
图10-114

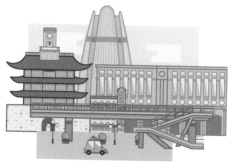
图10-115

Step5：圆形遮盖。最后用一个圆形来做遮盖，把所有的元素都框在圆形里面，只有财富中心这个大楼露出顶部来打破这个圆形。财富中心单独复制出来放在最顶层，然后做一个剪切蒙版，这样就不会遮盖下方的元素了。如图10-116所示。

图10-116

完成以上几个步骤，一幅宁波街景的插画就完成了，我们也可以把插画做成动画。

10.6 · 办公室的爱恋——让小插画富有故事性

生活处处可以成为我们灵感的来源，哪怕是几个小小的物件。插画也不是机械地把对象绘制下来就可以的。很多好的插画，除了画面符合形式美法则之外，还有一定的故事性，所以我们可以给插画赋予一个情节。如何给插画赋予故事性呢？在画之前就要想好一个故事，插画的故事性可以通过"联想"和"创作"来获得。

"联想"就是通过一个画面联想到某个故事情节或者编造一个故事情节，这个画面可以是生活中的任何事物，只要我们能把这个画面"编造"出一个故事来。比如"办公室的爱恋"就是通过画面联想到故事情节再将故事赋予画面从而得到灵感创造出来的。

"创作"就是要自己思索一个主题，根据主题去创作。然后去找现实中的参考，以便作为我们创作的依据；或者直接将想法实现落实。

不管是"联想"还是"创作"，我们要把想法用文字详细描述出来，在用文字描述的过程中，可以构思画面，让画面更加丰富。

平时我们要养成记录想法的好习惯，最好做一个"灵感记录本"（推荐使用各种记事类或计划类的App，方便随时记录想法和激发灵感的片段）。

"联想"好比先有的材料，后有的故事，有点像根雕作品；"创作"好比先有的故事，根据故事想法去配图。下面我们就以"办公司的爱恋"为例，对绘制过程进行分析。

Step1：构思主题。

图10-117

例如图10-117这样一张照片，本身没有什么特别的地方，两个杯子距离相近，底部也几乎是在同一条水平线上，左边稍微高大一些，右边的有粉色花纹，角落里有一个小墨水瓶。把它们想象成一对小情侣和一个暗恋女生（带粉色花纹的杯子）的小男生（左边角落的墨水瓶）。从构图的角度来说，这三者也有了"亲密""重复""对比"和"对齐"这4种关系。

这么一来，画面中就有了角色，有角色就会有故事，我们给画面赋予这样一个故事：左边白色的杯子是一位"男生"，拿着一朵花向"女生"（右边粉色花纹的杯子）表白，"女生"很开心、很幸福。左边角落暗恋"女生"的"男孩"（黑色墨水瓶）黯然神伤，心也碎了，花也蔫了。

Step2：草图。

这样一说，您的脑海中是不是已经有了一个画面？有了画面，我们就要赶紧把它实现，这个时候手绘草图是个很好的选择，它可以把我们脑海中的画面快速地实现出来，也能方便快捷地调整画面，甚至推倒重来。如图10-118所示。

图10-118

Step3：线稿绘制。

这里的插画是为了能用在界面里的，所以整体的风格选择不要复杂，都是偏向简约，视觉表现较轻的风格。这类的风格比较适合运用在界面的空白页、闪屏、活动页上。

线稿绘制如图10-119所示。

我们在画线稿的时候将画面进行一定的优化和调整，明确一些细节。这里选择了常见的粗描边风格，使得画面看起来"厚实"一些。

图10-119　绘制线稿

Step4：颜色填充。

在线稿的基础上加上颜色，注意各个单体的颜色区分，颜色要符合"身份"。"男生"为蓝色，男性通常为蓝色调；"女生"去掉了原先的粉色花纹，改成了粉色的杯身；"男孩"是黑色的墨水瓶，但是不要用#000000这个数值的颜色，黑色可以用深灰色来代替。如图10-120所示。

图10-120

Step5：完善、调整。

最后我们再加上一些道具或点缀，调整一下画面，一幅插画就这样完成了。如图10-121所示。

为了后期切图方便，在这里就不

图10-121

添加光影和材质了。运用在界面里的插画一定要整洁、简约。

10.7 • 可爱的耳环——重构和写生的结合

除了让插画具有故事性之外，也可以让插画带有一定的意境，有点梦幻的感觉也是不错的选择。例如图10-122中的耳环比较可爱，也有点点梦幻的感觉，可以把图片保存下来，作为绘画的灵感（写生）。

图10-122

图10-123

可以小范围地做一下修改，把侧面的兔子换成了一只可爱的小猫。还更改了其他一些局部（重构），增大了花的比重，让整个画面看起来更可爱。如图10-123所示。

在AI中绘制之前，通常是先进行手绘草图，如图10-124所示。这里再次强调一下手绘的重要性，虽然我们是在AI里进行矢量插画的绘制，但手绘稿还是非常重要的，因为手绘稿修改方便，也容易出效果，更容易把我们脑子里的想法体现出来。画插画，怎么可以没有手绘这个步骤呢?

图10-124 手绘草图

手绘能帮助我们解决很多问题，比如构图、结构、透视、光影等。无手绘，不绘（会）画。很多UI设计师，特别是新手，在做项目的时候画图标，都是直接在软件中绘制，结果改来改去好多遍，不仅效率低，还影响心情，更会让人觉得这个设计师能力不高。所以手绘是设计师非常重要的技能之一，希望大家可以引起重视。

而且随着插画运用得越来越广泛，会手绘的设计师相对来说更受欢迎一些。

这里大家可以看到，手绘稿的造型和成稿还是有差距的，那是因为在AI中绘制的时候又修改了局部，为了让画面更加和谐。特别是顶部的大红花，从原本的纯手绘风格改成了规律的几何图形的风格，由于整体元素的造型都是规律性的几何图形，这朵花的造型就会显得比较突兀。修改之后，整个画面就更加和谐统一了。下面我们来分析下绘制的过程。

Step1：绘制圆环。

圆环在这里作为一个"骨架"，所有的元素都环绕着这个圆环来排列以构成一个主体。圆环我们可以用2个圆来做，大圆在下，小圆在上，用"路径查找器"里的"减去顶层"得到圆环，再添加描边即可。大家思考下，是否有其他更方便的方法来实现这个效果呢？如图10-125所示。

图10-125　绘制圆环

Step2：左上角藤蔓。

藤蔓如果直接用钢笔去勾轮廓，虽然可行，但是效果不尽人意，无法做到粗细均匀。所以这里介绍一个比较便捷又能出效果的方法。还是用钢笔，直接勾出藤蔓的走势，然后进行一些操作即可。如图10-126所示。

藤蔓绘制好之后，放上叶子即可，如图10-127所示。

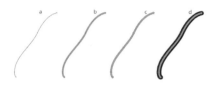

图10-127

a：用钢笔直接勾勒出藤蔓的走势，此时只有描边没有填充。

b：调整描边粗细，使之达到我们需要的宽度。

c：将描边扩展一下，变成填充。

d：重新添加描边，如果效果不理想，可以更改描边的对齐方式。

图10-126　绘制藤蔓

Step3：添加蓝色小花。

绘制蓝色小花的花瓣时，我们可以先绘制一个圆形，将圆形底部的锚点往下挪动一定为位置即可（藤蔓的叶子也是这么画出来的）。如图10-128所示。

再用同样的方法绘制后面两片花瓣，颜色稍微深一些，做出前后的空间关系。然后把3片花瓣调整角度，放在适当位置即可。如图10-129所示。

Step4：顶部藤蔓。

顶部的藤蔓也用相同的方式去做，注意往后绕的部分要被减去。如图10-130所示。

图10-128

图10-129

图10-130

Step5：右上角粉色小花。

画面右上角的粉色小花看似很复杂，其实很简单，直接画一个圆形，调整好填充和描边的颜色，然后用"晶格化工具"去点击一下即可。我们可以用工具栏中的"晶格化工具"在圆形上长按，达到所需要的效果后松开即可。注意将鼠标放置在圆形的圆心处。如图10-131所示。

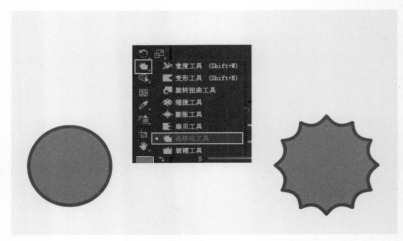

图10-131

当然，用一个个的圆形去减去也是可以的，只是稍微麻烦了一些而已（其实还有其他方法，大家可以多多尝试一下，发掘AI的"隐藏"功能）。小花里面的花蕊可以先做水平的两个或垂直的两个，然后再复制几次就可以了。如图10-132所示。

选中后单击鼠标右键—旋转，打开旋转设置框，角度定为30°或任意角度，然后点复制即可。如图10-133所示。

随后多按几次快捷键Ctrl+D即可。大家会发现是2个对称的图形沿着中心点在旋转复制。如图10-134所示。

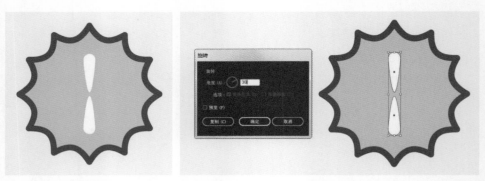

图10-132   图10-133

从零开始学 UI 设计
思路与技法

中间空缺的部分用黄色的圆形盖住，再用钢笔勾出一片叶子，复制几片出来，先做右边的一组叶子。如图10-135所示。

随后把右边的叶子选中，按快捷键Ctrl+G群组一下，再复制出来，翻转一下，做到左右对称就可以。如图10-136所示。

图10-134   图10-135   图10-136

Step6：绘制蘑菇。

绘制两个蘑菇，让画面看起来稍微丰富一些。注意大蘑菇遮住了小蘑菇的一部分。如图10-137所示。

Step7：野果子。

用椭圆工具绘制一个红色的圆形，由于果子表面比较光滑，所以会有比较亮的反光，我们用白色的椭圆形来模拟反光（高光），再用钢笔工具勾几片叶子出来。如图10-138所示。

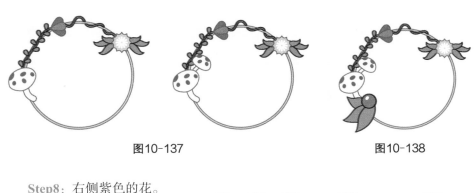

图10-137   图10-138

Step8：右侧紫色的花。

这个花的轮廓和粉色小花的花蕊一样，先画一个椭圆形，再将下面的锚点往下挪，然后复制一个花瓣出来翻转一下，接着不断复制，最后用"路径查找器"里的"联集"合并一下。如图10-139所示。

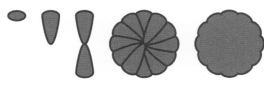

图10-139

花里面的黄色也是用相同的方式绘制，再加上白色的点。如图10-140所示。

Step9：两朵小花。

要注意两朵小花的位置，一个在圆环的前面，一个在圆环的后面，注意层次的摆放。如图10-141所示。

图10-140　　　　　　　　　　　　　　　图10-141

Step10：绘制小猫。

绘制小猫的造型时，可以先绘制身体，可以先画一半，然后复制出来拼合一下。如图10-142所示。

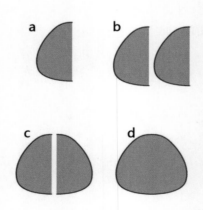

a：绘制身体的一半。

b：复制出来。

c：垂直翻转一下。

d：拼合。

图10-142

拼合之后，还是2个对象，我们在工具栏用小白箭头框选一下顶部的2个锚点，然后属性栏上选择"连接所选终点"，将2个点连接起来。下面的2个点也如此操作，这样就形成了一个对象，而不是群组或复合路径。如图10-143所示。

随后小猫耳朵也可以先画一个，再反转下，和身体合并一下。再绘制其他部分。如图10-144所示。

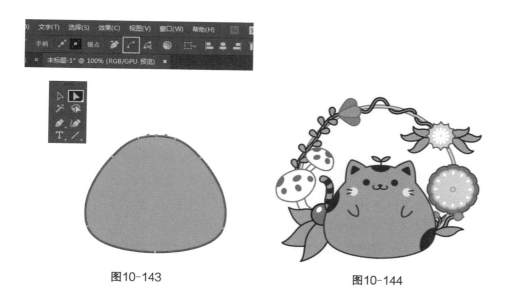

图10-143　　　　　　　　　　　　　　　　图10-144

　　小猫的尾巴绘制的思路其实和藤蔓是一样的，先用钢笔把尾巴的曲线勾出来，然后加工一下。如图10-145所示。

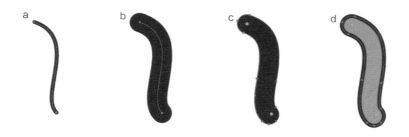

a：用钢笔勾出尾巴的曲线走势。
b：加粗描边。
c：执行"对象—扩展"将描边转为填充。
d：调整填充和描边的颜色。

图10-145

　　尾巴的花纹也用这样的方式处理，需要注意的是，我们要把尾巴主体复制一个（先选中尾巴主体，按快捷键Ctrl+C，在需要的时候再粘贴）。如图10-146所示。

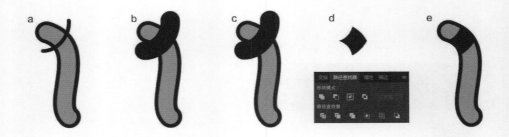

a：用钢笔勾出尾巴花纹的曲线走势。

b：加粗描边。

c：执行"对象—扩展"将描边转为填充。

d：选中花纹和尾巴主体，在"路径查找器"里选择"交集"，此时尾巴主体和花纹多余的部分消失。

e：按快捷键Ctrl+F原位粘贴尾巴主体，更改排列方式置于花纹下方即可。

其余的花纹也用这个步骤去做，注意花纹的走势。

图10-146

Step11：顶部大红花

顶部大红花一共有4个部分，最外面的红色，第二层的粉红色，第三层的黄色和最顶层的白色。我们先绘制最外面红色的部分。最外面的红色花瓣绘制的思路参考小猫身体的绘制。

大红色花瓣的绘制如图10-147所示。

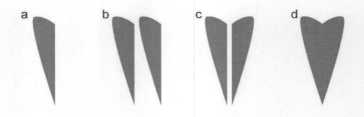

a：用钢笔勾出一片花瓣的一半。

b：把这一片花瓣的一半复制出来。

c：垂直翻转一下。

d：两个贴合（如果步骤a是不闭合路径，和小猫的身体一样，将点连接即可。若是闭合路径，两个对象在"路径查找器"里"联集"即可）。

图10-147

有了一片花瓣之后，大红色的花瓣基本完成了。我们只需要复制一圈出来即可。如图10-148所示。

a：选中一片花瓣。

b：复制出来，水平翻转下。

c：选中上下两片花瓣，执行"右键—变换—旋转"，角度设置为45°，按复制。

d：按快捷键Ctrl+D两次即可完成大红色花瓣的绘制。

图10-148

　　粉红色花瓣的绘制：

　　粉红色花瓣相对较简单，我们只需要把大红色花瓣全部选中后，按快捷键Ctrl+G群组一下，然后复制并缩小，执行"右键—变换—旋转"，角度设置为22.5°即可。如图10-149所示。

图10-149

　　黄色花瓣的绘制：

　　和右侧紫色花的绘制方式完全一样，只不过基础图形从椭圆形变成正圆形。如图10-150所示。

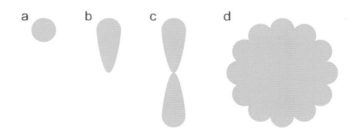

a：先按Shift键画一个正圆形。

b：将圆形底部的锚点往下移动一定距离。

c：复制这一片花瓣，镜像（可垂直翻转也可水平翻转）一下并贴齐。

d：选中对称的两片花瓣，执行"右键—变换—旋转"，角度设置为30°，点击"复制"，随后多按几次快捷键Ctrl+D复制一圈即可。

图10-150

　　白色花蕊绘制：

白色花蕊可以直接复制黄色花瓣，然后调整颜色和大小即可。如图10-151所示。

最后我们来看看整幅画的样子，如图10-152所示。

这幅画的重点在于藤蔓的绘制技巧，不要着急用"钢笔"对着手绘稿勾画，用描边去做会比较方便。还要注意各种花瓣的绘制方式，要做到简便、快速又合理。

图10-151

从零开始学 UI 设计

思路与技法

图10-152

10.8 • 如何让插画形成系列

首先我们讨论一个话题：为什么要做系列插画？设计师又不是插画师，为什么要做成系列呢？下面就来回答一下这个话题。前面我们讲过，插画可以运用在界面的空白页、引导页等地方，如果不同的引导页风格都不相同，那么是否会给人凌乱的感觉？甚至让人觉得这些小插图是素材网东拼西凑下载下来直接放上去的。

而引导页很多时候也不是只有1张，而是有好多张，那么几张引导页我们是否也应该把风格等统一起来呢？就像图标一样，统一了才整体。如果大家各自为政，那就是一盘散沙，这个App的用户也会流失得很快（用户："我为什么要用这种乱七八糟的App？"）

下面我们来看一些案例。

图10-153　虎课网App引导页

如图10-153所示是虎课网App的引导页，大家可以看到4个画面中的色调、构

图、风格都是一个样子的，甚至有些元素都是重复利用的，这样就会显得很统一

插画要形成系列，在数量上至少得2张以上。但是不是数量多了就能形成系列，因为数量不是关键。关键在于几张图要有共同的元素，比如要有共同的主题或相关联的故事情节，还要有统一的绘画风格等。系列的插画比单张的插画首先占了数量上的优势，可以更丰富细腻地传递情感，很多插画师都有不同规模的系列插画。

10.8.1 《带你去旅行》

下面我们来聊聊一位美女设计师的系列插画绘制思路。

首先是主题构思，我们每天上下班，挤公交、地铁，独自穿梭在冰冷的城市里。需要找到自己独一份的乐趣，再忙、再累也要给生活添加一点诗意。我们可以带着灵魂去感受大自然给予的一切，去感受生命赠予的所有意外和惊喜。于是主题定为歌名《带你去旅行》，将歌中唱到的世界都逐一画下来。

然后绘画风格参考了Virginie Morgand的扁平风格，以及他撞色的色彩搭配。每幅画都以邮票的形式展现，而邮票又能体现一个国家或地区的历史文化和风土人情等。

（1）带你去旅行

有时候生活需要改变，也许只是离开手机，离开座位，离开居所，一起去旅行。如图10-154所示。

（2）带你去旅行——土耳其

想要去浪漫的土耳其，坐着热气球去想去的地方，拥抱热情，感受自由。如图10-155所示。

（3）带你去旅行——巴黎

如果你够幸运，在巴黎待过，那么巴黎将永远跟着你，因为巴黎是一席流动的盛宴。如图10-156所示。

图10-154　带你去旅行

（4）带你去旅行——洛杉矶

这座梦工厂，注定不平淡，充斥着太多繁华和追逐，实现梦想变得并不遥远。如图10-157所示。

（5）带你去旅行——上海

"夜上海，夜上海。你是个不夜城，华灯起，车声响，歌舞升平。"如图10-158所示。

怎么样？这个系列还是很好看的，绘制思路也是很清晰呢！

另外一位美女设计师画水彩非常漂亮，下面以她的一个系列插画作为案例。

图10-155　带你去旅行——土耳其

图10-156　带你去旅行——巴黎

图10-157　带你去旅行——洛杉矶

图10-158　带你去旅行——上海

10.8.2　《小红帽的冰雪之旅》

（1）构思插画内容与主题

这次插画以冰雪世界为灵感，选取了冰山、冰原、冰崖、冰海中的岛屿这几个元素，组合成三个场景，分三张插画描绘人物在不同冰雪场景中一个人的旅行，表达人们内心对冰雪的向往。人物则选择了穿戴圣诞装束的人物形象（借鉴了《纪念碑谷》中的角色形象），使画面看起来更生动。

（2）具体绘制过程

画草图之前，对插画应该有个大致的构想。画草图时不需要太多细节，可以大胆一些，多画、多尝试，直到出现自己想要的效果。这次的主题，画面元素和结构比较简单，只需要画出冰雪元素的轮廓以及人物大体形象即可，细节可以在后期进行刻画。

同时在这一步可以思考用什么方式和风格进行表现，以及确定好大概的色调。冰雪元素选择使用灰色系，为了中和灰色系给人的冰冷的感觉，天空的颜色选择了橙色和黄色。人物则选择了传统圣诞装束的红色，同时也起到给画面点睛的作用。

接着，我们可以开始着手画了。选择的是水彩手绘，草图一般先画在草稿纸上，水彩纸不耐擦且容易留印迹，因此会在水彩纸上重新画一遍线稿，要尽量保持画面干净。配色以北欧风格低饱和度为主，在调色时加入了一定灰色，使之看上去更和谐。由于水彩上色后不可更改，上色前要进行试色，确定能达到自己想要的效果后再画。

如果是板绘的话就不用担心，把线稿放进绘画软件里，然后直接开始画，完成后可以逐步调整构图和颜色，也可以叠加各种材质，做出不同的肌理，创作出与水彩完全不同风格的作品。

最终完成图如图10-159所示。

图10-159　小红帽的冰雪之旅

10.8.3　《假如我是老板》

下面这个系列叫作《假如我是老板》，构想的是一个叫"乐福小镇"的地方，希望所有的居民能在镇上快乐幸福的生活。

绘画的流程：首先构思主题，所有的故事都围绕这个主题展开，然后所有的画都使用同一个风格（视觉表现手法），最后是场景设计。

（1）主题构想

多个插画只有有了共同的主题才能叫作系列，否则只是风格一样的单幅插画。构想的是一个爱做白日梦的男生，幻想自己做个"城主"或者童话故事里的大老板。所以就有了"假如我是老板"这个话题。

（2）场景设计

这个话题可以先构想一些自己比较喜欢的店，例如像"书吧"的店，有书看，还有咖啡喝，还有奶茶店、咖啡店这类比较文艺的店，里面放着舒心的音乐，很是惬意。如图10-160所示。

如果这些店能靠海或者有条河，那该多好。于是就可以设定为店的门前过了一条路就是一条河，其实原型是宁波的三江口。

绘制的步骤主要可以分为以下几个部分：

图10-160　假如我是老板

（3）**构思文案**

文案都以"如果我是老板，我就……"为开头，先是"好吃的冷饮店"。

（4）**设定场景**

场景就选择在一个公园里，公园的原型是月湖公园，有树、有花、有草地。照片上的建筑并没有冰激凌店的特征，为了增强小店的属性，借鉴了冰激凌车顶部分的造型，也给店的部分细节做了修改，从装饰上有着明显的商品属性。如图10-161所示。

图10-161　设定场景

（5）**画面风格**

风格可以显得可爱一些，萌一点，看起来有"童话"的感觉。画面主体突出，其他元素降低"存在感"，主体和文案相关联。

（6）**手绘草图**

手绘的草图如图10-162所示。

图10-162　手绘草图

（7）导入AI绘制线稿

先把颜色铺一下，定好色调，大致上完成了，如图10-163所示。

（8）完善细节

增加玻璃窗内的细节，用花草来点缀，选择较为可爱的字体添加在画面中，完成作品。如图10-164所示。

图10-163 完成线稿

图10-164 完善细节

（9）完成系列

　　根据第一张画的思路和风格设定，来完成接下来的几张画。如图10-165
所示。

开个好吃的冷饮店

开个好喝的奶茶店

开一个高逼格咖啡店

家家都送新鲜牛奶

开家文艺的书吧

图10-165　完成整个示例

10.8.4　假面骑士Redesign（再设计）

（1）确定主题

这次是一个角色的再设计，主题就是《假面骑士》中的部分角色。

（2）设定场景

由于仅仅是角色设定，所以并没有设计场景，背景全部留白。

（3）风格设定

在人物设计上选择了Q版风格，这样看起来会让角色变得比较可爱，和原版的设定可以形成反差萌。

人物由3部分组成，头、手、身体，腿脚部分省略。头和手的基本形为圆形，身体是一个圆角矩形。如图10-166所示。

图10-166

（4）根据角色特征在软件中绘制

这次可以直接在软件中绘制，目的在于练习使用软件直接造型的能力。如图10-167所示。在绘制过程中，一定要多观察角色的特征，可以从网上多找一些关于这个角色的素材，多角度、多方面地进行观察，也可以下载该电视剧截图观察。

图10-167（作品地址：https://dribbble.com/shots/5357481-）

（5）完成系列

最后反复用这样的方法完成一个系列，如图10-168所示。在绘制的过程中要注意对细节的取舍，不要所有的细节都做出来。Q版本身绘制的范围有限，而且相对于原型来说会有一定的变形，所以要大幅度地抓住角色的特征，做到变形之后依然和谐、合理。

图10-168　整个系列

最后我们来总结一下系列插画的特征：

① 有一定的数量；

② 有共同的主题；

③ 有相同的画风（艺术、视觉表现手法）；

④ 画中的元素可以重复利用（例如《带你去旅行》的邮票框，《假如我是老板》的花草树木、云和太阳等）。

希望以上几个的方法能对你的系列插画创作提供帮助。大家开始动手去创作属于自己的系列插画吧~

10.9 ● 对插画的补充

10.9.1 不可忽视的绘画能力

绘画能力对所有的设计师都会有莫大的益处。很多从事设计的朋友都是院校科班出身，有着良好的绘画功底，至少有经过系统地学习和练习，他们可以比其他人更早、更快和更有针对性地进步。不过可惜的是，很多人都忽视了这个优势，毕业后基本不画画了，导致想要画画时发现手生得很。非科班的朋友也不要着急，更不要气馁，我们可以通过后期的练习来补上缺失的环节。如图10-169和图10-170为笔者经过半年多不断练习逐渐找回手感所绘制的作品。

图10-169　《童话小镇》手绘稿及成稿

图10-170 《小魔女——玲》人设手绘稿及成稿

10.9.2 练习手绘的好处

任何物体都有一定的造型，不同的视角有不同的透视关系，根据光照环境的不同也会呈现不同的明暗关系。那么这些复杂的关系又该如何来表现呢？这就需要我们对事物要有一定的理解。手绘可以帮助我们不断地试错，便于修改。同时理解的能力应该解决在手绘学习的初级阶段。

图10-171 杯子的明暗关系

例如图10-171所示的这个杯子的明暗关系、物体表面转折光影的变化、不同部位的受光深浅等都是在手绘的时候有意识地思考并分析后的结果。手绘的练习也是在锻炼我们对于画面思考的能力，观察、发现细节的能力。这些能力对于我们绘制场景，特别是写实风格作品的创作可以快速、准确地抓住重点。

对于设计专业来说，这是一个非常重要的基本能力，也是一门必修课。只要大家肯努力，将来的你会对此非常受用并感谢现在的你所付出的努力。

我们要画成什么样呢？非要画成很完美的绘画稿吗？当然不是，我们可以从日常的小练习开始，准备一个小本子，32K或16K都可以，也可以是单面用过的A4纸（把以前单面打印过的A4纸反过来画画，节约资源）。无论任何事物都可以拿来写生或临摹，可以参照入门级（对于没有绘画功底的新手们而言）的书本，也可以自己随心所欲地画。画的程度可以是3～5分钟甚至1分钟的"速写"，也可以是长达3小时（美术类考试常见时间）或者更久的细致绘画。我们通过各种练习来逐渐掌握对纸和笔的操控。当然，我们也可以使用尺子、圆规等作为辅助，可以不那么精细，但一定要让人明白画的是什么。

建议大家去学习一下必要的美术知识，比如三大构成，也就是平面构成、色彩构成和立体构成（也有叫作空间构成的）。这三大构成或许晦涩难懂，但多看、多练习，也会慢慢消化。至少要掌握透视、色彩和光影这3点的基本内容。

10.9.3 透视

首先是透视，这个透视指的是美术方面的透视。百度百科的解释是"指在平面或曲面上描绘物体的空间关系的方法或技术"。透视有3种类型，分别是色彩透视、消逝透视和线条透视。

（1）色彩透视

色彩透视也叫作"大气透视"，指的是距离观察者远近位置的不同所引起色彩变化的现象。我们知道光其实是一种"波"，波长会随着距离的增加而减弱，所以这是一种物理现象。

图10-172

如图10-172所示，我们看这个图的黄圈和红圈位置，黄圈明显饱和度高，颜色鲜艳，而且清晰地呈现墨绿色；红圈的地方，植被类似，按理颜色也应该差不多，但是相对于黄圈来说饱和度低了很多，而且颜色也偏蓝。这是由于绿色光波在传播过程中，由于距离太长而被削弱，具体的光学原理这里不做深入讨论，大家有兴趣可以自行查找资料。

（2）消逝透视

消逝透视通常讲的是被观察事物的清晰度和颜色对比会随着和观察者之间的距离增加而减弱（近实远虚）。如图10-173所示。

图10-173

　　我们还来看图10-173所示这张图，右下角距离较近，所以树木一棵棵看得比较清晰。左上角距离较远，树木完全无法辨认，只有模糊的一大片，这就是近实远虚。但不是绝对的，物体离观察者太近的情况下还是会模糊的。

图10-174

　　我们再来看图10-174，由于镜头对焦在枝干的位置，所以一片叶子距离镜头相对较近，所以也模糊了。照相机和人眼一样，都有对焦的范围，一旦超过这个范围，无论远近都会有一定程度的模糊。近了，越近越模糊；远了，越远越模糊。

（3）线条透视

百度百科对线条透视的解释是：平面上的物体因各自在视网膜上所成视角的不同，从而在面积的大小、线条的长短以及线条之间距离远近等特征上显示出的能引起深度知觉的单眼线索。近处对象占的视角大，看起来较大；远处对象占的视角小，看起来较小。

这解释看起来似乎比较难懂，我们可以概括为4个字：近大远小。线条透视分为一点透视、两点透视（成角透视）和三点透视，如图10-175～图10-177所示。

为什么要懂透视？

透视可以让我们的作品看起来有层次感，让扁平化的画纸看起来有距离的纵深感；可以让各个元素在同一个画面中合理排布，达到和谐统一；也可以通过透视来突出我们想要表现的主体。

插画对于UI来说也是越来越重要，会插画（特别是会手绘）的朋友在工作中绝对是一个加分项。所以各位，努力吧！

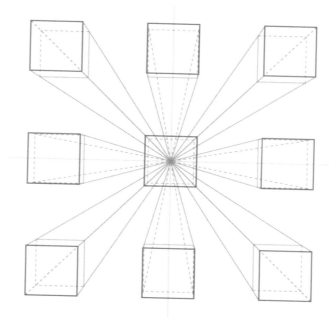

图10-175　一点透视示意

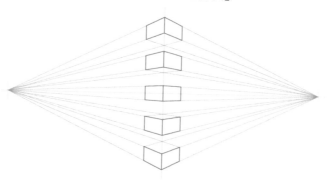

图10-176　两点透视（成角透视）示意

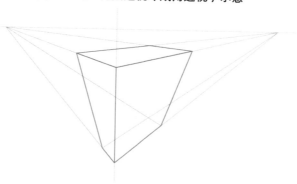

图10-177　三点透视示意

写在结尾的一些话

感谢大家可以把这本书看到这里，其实想成为一名优秀的UI设计师，需要了解的远远不止我和陈老师在本书里提到的这些，我们需要学习的还有很多。我曾经在《人人都是产品经理》这本书里看到这样一段话，颇有感触，现在与大家分享：

爱生活，有理想，会思考，能沟通。

一个人只有爱生活了，才会努力地活着，活出自己的精彩，做一个积极向上，充满正能量的人。生活本来已经不容易了，所以我们要学会调节自己的心态，尽量少被一些不愉快的事情为我们的生活添加烦恼。也许我们的生活不那么顺心，有着太多的烦恼和不愉快，那么我们更应该怀着爱来对待我们的生活。爱生活了也就会爱工作、爱设计。

周星驰先生在某部电影中有这样一句台词"做人如果没有理想，跟咸鱼有什么分别"，人有了理想（梦想）也就有了往前走的动力。不管我们的理想是什么，可能是"变有钱"，可能是"被大家喜欢"，可能是"成为设计大神"，也可能是"变帅、变美丽"，等等。梦想推动着我们不断努力往前走，只有不断往前走了，才能到达我们想要到达的地方。

在学校的时候，老师教了我们很多，但是在实际工作中更多的是需要我们自己去学习、去摸索。很多东西它只有方法，没有"答案"，而且一个问题不止一种解决方法。如果我们只会按照老师教的去做，那么只会变成"美工"而不是一个"设计师"，任何一个设计师他都有独立思考的能力。一个人要发展，更多的是靠自我提高，不仅是技能层面的培养，而且还有心态和思维方面的培养。

人是一种有社会属性的群体，我们总是要面对不同的人，所以沟通也是非常的重要，我们不能只生活在自己的世界里。沟通不仅可以了解别人，也可以让我们被别人所了解。

所谓美工

似乎大家都很介意被人叫作"美工"，认为那是不尊重我们，应该称呼我们为"设计师"。其实，并不是别人不尊重，而是不了解。我们知道设计师分好几种类型，平面设计师、网页设计师、电商设计师、UI设计师、交互设计师，等等。但是外行人不懂，他们完全不知道有这么多分类，认为都是"搞设计的"。就好比部队里，有各种各样的兵种，工兵、潜艇兵、炮兵、炊事班，等等，我们统称他们为"当兵的"，这不是一种蔑称，而是不了解，所以大家不要在意这些。

技能拓展

这个也是大家比较关心的一个话题，UI设计师需要哪些技能？首先是大家熟知的设计和软件相关技能，所谓"工欲善其事必先利其器"。

然后是代码层面。什么？设计师还要懂代码？因为在做网页的过程中，懂代码和不懂代码的设计师思考的层面是不一样的。懂代码的设计会从开发的角度来思考视觉设计稿，和前端或程序沟通的时候更方便，效率更高。也不太会出现和前端或程序人员沟通有障碍的情况。

接下来是更深层次的，那就是产品、交互和用户体验。我们会经常听到产品经理和UI设计师（也有和程序员）起争执，原因基本就是双方互不理解所造成的。那么设计师学了产品就不会过于追求视觉上的效果，会从产品的角度来思考，快速地明白产品经理想要表达什么，了解客户的设计需求，和产品经理沟通的时候也能有理有据直达问题中心。

交互和用户体验，在设计的时候就把这些考虑进去，让视觉设计稿变成严谨的方程式，不再是没有科学依据的"灵魂画手"。

其实还有很多，这里就不一一举例了。不仅仅是UI设计及设计行业，每一个行业都是不断学习、不断进步的过程，这是一条没有尽头的路。我们不仅要"学以致用"，还要"用以致学"，带着问题针对性地学习。

问答题

我们来做一个问答题吧！请回答"UI设计师"（或其他类型设计师）所需要哪些方面的技能，并说明为什么。

最后，希望大家好好学习，天天向上！

参考文献

[1] 郭茂来. 平面构成学. 北京：中国轻工业出版社，2013.

[2] 王卫军，王靖云. 色彩构成. 北京：中国轻工业出版社，2013.

[3] 菜心设计铺. 用品牌基因法做图标. http://www.zcool com.cn/article/ZNDgOMTM2.html.

[4] 余振华. 术与道：移动应用UI设计必修课. 北京：人民邮电出版社，2016.